潮菜名厨

中华料理·潮菜文化丛书

钟成泉 著

广东旅游出版社
GUANGDONG TRAVEL & TOURISM PRESS

悦读书·悦旅行·悦享人生

中国·广州

图书在版编目（CIP）数据

潮菜名厨 / 钟成泉著. -- 广州 : 广东旅游出版社,
2024. 8. -- (中华料理·潮菜文化丛书). -- ISBN
978-7-5570-3359-0

Ⅰ. TS972.36

中国国家版本馆CIP数据核字第2024943KV2号

出 版 人：刘志松
策划编辑：陈晓芬
责任编辑：方银萍
插　　图：艾颖琛　王琪琼　刘孟欣
装帧设计：艾颖琛
责任校对：李瑞苑
责任技编：冼志良

潮菜名厨
CHAOCAI MINGCHU

出版发行：广东旅游出版社出版
（广州市荔湾区沙面北街71号首、二层）
邮　　编：510130
电　　话：020-87347732（总编室）020-87348887（销售热线）
投稿邮箱：2026542779@qq.com
印　　刷：广州市岭美文化科技有限公司
　　　　　（广州市荔湾区花地大道南海南工商贸易区A幢）
开　　本：787毫米×1092毫米　16开
字　　数：219千字
印　　张：18.25
版　　次：2024年8月第1版
印　　次：2024年8月第1次
定　　价：98.00元

编委会机构名单

一、策划组织单位

汕头市文化广电旅游体育局　汕头市侨务局　汕头市外事局
汕头市潮汕历史文化研究会　汕头市潮汕历史文化研究中心

二、顾问

学术顾问：林伦伦
顾　　问（按姓氏笔画为序）：刘艺良　陈幼南　陈绍扬　林楚钦
　　　　　　　　　　　　　　罗仰鹏　郭大杰　黄迨光

三、编委会

主　　任：李闻海
副 主 任：钟成泉　吴二持　杜更生
秘 书 长：杜更生（兼）

四、编写组

主　　编：纪瑞喜
副 主 编：林大川　李坚诚
编　　委（按姓氏笔画为序）：纪瑞喜　杜　奋　李坚诚　张燕忠
　　　　　　　　　　　　　　林大川　钟成泉　谢财喜

五、特聘人员

特聘摄影：韩荣华
特聘法务：蔡肖文

六、承办单位

汕头市岭东潮菜文化研究院
汕头市传统潮菜研究院

七、出版赞助单位和个人（排名不分先后）

广东省广播电视网络股份有限公司汕头分公司
广东蓬盛味业有限公司
广州市金成潮州酒楼饮食有限公司
新西兰潮属总会
深圳市喜利来东升酒业有限公司
泰国大华大酒店董事长陈绍扬先生

中华潮菜，人人所爱

——《中华料理·潮菜文化丛书》序

林伦伦

  经过大师们一字一句的不辍努力，这套《中华料理·潮菜文化丛书》前5册稿子终于杀青了。丛书主编纪总瑞喜兄让我为丛书作个序言。我跟纪总可以算是老朋友了，20多年前我还在汕头大学工作的时候，就曾经帮纪总策划印行过一本当时比较时尚、文化味较浓的建业酒家菜谱，从此就没少来往。老朋友有请，我却之不恭，就只好以"吃货"冒充美食家，把大半辈子吃潮菜的体会写出来，充数作为序言。

  我以前曾经认真拜读、学习过钟成泉大师的"潮菜三部曲"——《饮和食德：潮菜的传承与坚持》《饮和食德：老店老铺》《潮菜心解》和张新民大师的"潮菜姊妹篇"——《潮菜天下》及其续篇《煮海笔记》等大作，现在又阅读了钟成泉、纪瑞喜、林大川等潮菜大师的几本书稿，加上我是年近古稀的资深吃货一枚，经过60多年吃潮菜的"浸入式"实践和近十年来有一搭没一搭的"碎片化"思考，也终于对潮菜有了一定的心得体会。我曾经写过若干篇关于潮菜美食的小文章，如《在老汕头的转角遇见美食》《季节的味道》等，但要像上面提到的各位大帅一样系统性地写成著作，我还没有这个能耐和胆量。现在，我就把这些"碎片化"的读书心得和美食体会先写出来，希望对大家阅读《中华料理·潮菜文化丛书》有帮助，就像吃正餐之前先吃个开胃小菜吧。

  潮菜为外人所称道的特点之一是味道之清淡鲜美，讲究个"原汁原味"，我这里小结为"不鲜不食"。

味道的鲜美主要靠的是食材的生猛。潮汕人靠海吃海，潮汕是个滨海地区，海岸线长，盛产海产品。品种多样的海鲜，是潮汕滨海居民最原始的食材。南澳岛上的考古发现，8000多年前的新石器时代早期，属于南岛语系的土著居民就已经懂得打磨细小石器来刮、撬牡蛎等贝壳类水产品了。6000—3000年前新石器时代中晚期的贝丘遗址，土著居民吃过的贝壳类海产的壳已经堆积成丘，成为"贝丘遗址"了。等到韩愈在唐代元和十四年（819年）因谏迎佛骨被贬南下任潮州刺史，写下《初南食贻元十八协律》诗，把第一次吃离奇古怪、丑陋可怕的海产品时吃出一身冷汗的深刻印象描写给了一位叫"元十八"的朋友，已经是年代很晚的时候了，而且食材已经是经过烹饪，且懂得用配料相佐了："我来御魑魅，自宜味南烹。调以咸与酸，芼以椒与橙。"

当然，我们不应该把粤东滨海地区土著居民的渔猎生活和食材当成潮菜的源流，但是，潮汕人吃海鲜至今还是保留近于"茹毛饮血"式的原汁原味，现如今闻名遐迩的"潮汕毒药"——生腌海鲜（螃蟹、虾、虾蛄），其味道鲜美至极，非一般烹饪过的海鲜所能比匹。"毒药"之戏称，意思是指像鸦片等一样，一吃就会上瘾。用开水烫一烫就装碟上桌、半生不熟、鲜血淋漓的血蚶，外地人掰开一看，大多数会像韩文公一样望而生畏，硬着头皮试一只，肯定是"咀吞面汗骍"；而潮汕人春节年夜饭的菜单上，这血蚶是必列的菜肴。蚶的壳儿潮语叫

"蚶壳钱"，保留了史前时代以"贝"为币的古老习俗。吃了蚶，既补血，又有"钱"了，多好！

鱼饭也是一种原生态的"野蛮"吃法，巴鳞、鲇鱼等海鲜就在出海捕捞的渔船上，用铁锅和水一煮，在船板上晾一晾就吃，一起煮的可能还有同一网打起来的虾和蟹，多种味道释放、汇合，其味更佳。上水即吃，原汁原味，此味只应海上有。现在高档酒家里的冻红蟹，一只好几百元，甚至上千元，即源于这种原始的食法。有些地方，也仿效"鱼饭"之名，称作"蟹饭""虾饭"等。

潮菜"不鲜不食"的特点，建立在与天时地利的自然融合上，其秘诀一是"非时不食"，一是"非地不食"。

所谓的"非时不食"，讲究的是食材的"当时"（当令）。潮菜食材讲究天时之美，也就是食材的季节性，我把它叫作"季节的味道"。这季节的味道，首先体现在食材选择的节令要求上，简单说就是"当时"（当令）或者"合时序（su²）"，无论是海鲜还是蔬菜。

　　民间流传有潮语《十二月鱼名歌》（《南澳鱼名歌》），说明了海鲜在哪一个月吃最鲜美。歌谣云：

正月带鱼来看灯，二月春只假金龙，

三月黄只遍身肉，四月巴浪身无鳞，

五月好鱼马鲛鲳，六月沙尖上战场，

七月赤鬃穿红袄，八月红鱼作新娘，

九月赤蟹一肚膏，十月冬蛴脚无毛，

十一月墨斗放烟幕，十二月龙虾擎战刀。

你可以从这首歌谣中知道农历哪个月吃哪种鱼最当令。此外还有"寒乌热鲈"（冬吃鲻鱼，夏吃鲈鱼）、"六月鲫鱼存支刺"（言六月的鲫鱼不肥美，不好吃）、"六月乌鱼存个嘴，苦瓜上市鲥鱼肥""六月薄壳——假大头""六月薄壳米，食了唔甘漱齿（刷牙）""夜昏东，眠起北，赤鬃鱼，鲜薄壳""年夜尖头冬节乌"等谚语，说明了各种海产品"当时"（当令）的季节。

蔬菜、水果的时令就更加明显了：春夏之交吃竹笋，大夏天里是瓜果菱角，秋日里最香的是芋头，最甜的是林檎，冬春之交最有名的是潮汕特有的大（芥）菜和白萝卜。潮汕谚语云："正月团婿，二月韭菜""清明食叶，端午食药""（农历）三四（月）枇杷梅，五六（月）煤（san^8，煮）草粿""三四桃李柰，七八油柑柿""五月荔枝树尾红，六月蕹菜存个空（kang^1）"（农历五月荔枝熟了，但通心菜却不当令）、"七月七，多咛（山捻子）乌，龙眼咇（水果成熟而壳儿裂开）""九月蕹菜蕊，食赢鲜鸡腿""霜降，橄榄落瓮""立冬蔗，食荟病痛"等，也都与季节的味道有关，简直就是食材采食时间表。

所以啊，懂行的话，你到潮汕来追鲜寻味，来个美食之旅，就得结合你来的季节、时令来点海鲜和蔬菜瓜果，一定要避免点不对时令的鱼、菜。美食行家把这叫"不时不食"。现在的大棚菜，反季节、违时令的菜也能种出来，人工养殖的鱼也可以反季节饲养，但是味道就是没有自然生长、当令的那么好了。

对海产品食材"鲜"的要求，还跟潮汐有关。高档的潮菜酒楼采购海鲜食材会精确到"时"，讲究"就流"（lao^5，劳）。

"就流"鱼就是刚好赶潮流捕回来的鱼，"骨灰级"的吃货是自己直接到码头等着买"就流"的海货回家，现买现做现吃。过去的海鲜小贩有"走鱼鲜""走薄壳"的说法。"走"就是跑，从靠渔船的码头"退"（批发）到海鲜，赶快往市场跑，谁的海鲜先到达菜市场，谁的海鲜就能卖个好价钱，因为是最新鲜的嘛，潮汕人讲究的就是"就流"这口"鲜甜"！我在南澳岛后宅镇还目睹过夜晚八九点到凌晨一两点钟的"就流"海鲜夜市，一筐头一筐头的海鲜摆满了夜市，购买者人头攒动，各自选择自己爱吃的鱼、虾、蟹等，好不热闹，听说这里面还不缺从汕头市区专车赶来的高级别吃货。

    其实，对植物、动物类的食材也有这种"时"的讲究，例如挖竹笋要讲究在露水未开之前，而食用则是最好不要过夜（即使放进冰箱也不行）；新鲜的玉米也是当天"拗"（a^2，折断），当天吃，过夜不食。而火遍全国的潮汕牛肉火锅的牛肉，是在N小时内配送到店，有喜欢显摆的食客还拍到牛肉在"颤抖"的视频。所以，不少牛肉火锅店就开在离屠宰场不远的地方，讲究的就是尽量缩短牛肉配送的路程，以保持牛肉的鲜活度。

    所谓的"非地不食"，讲究的是食材的原产地，我把它叫作"地理的味道"，或曰"家乡的味道"，这是指潮菜食材的地域性。潮汕各地山川形胜有所不同，民俗也有一些差异，此所谓"十里不同风，百里不同俗"。就是小吃，也是各有特色，潮州的鸭母捻、春卷、腐乳饼，揭阳的乒乓粿、笋粿、惠来的靖海豆辑、隆江猪脚，普宁的炸豆干、豆瓣酱，潮安凤凰山的栀粽、鸡肠粉（畲鹅粉），澄海的猪头粽、双拼粽球、卤鹅，汕头的西天巷蚝烙、老妈宫粽球（粽子）、新兴街炒糕粿、老潮兴粿品、百年银屏蚝烙……说不完，尝不尽。而考究的潮菜馆，对食材的要求也必须有空间感及品牌意识：卤鹅一定要澄海的，豆瓣酱要普宁的，芥蓝菜要潮州府城的，大芥菜（包括其腌制品"咸菜"）要澄海的，炸豆腐要普宁或者潮安凤凰山的，紫菜要南澳、澄海莱芜、饶平三百门的，鱿鱼要南澳的（宅鱿）……潮汕人吃海鲜，时间上讲究"就流"，而在空间上，讲究的是"本港"，就是本地出产的。在南澳岛，我曾经去市场买菜，才知道"本港鱿"和"白饶仔"（一种白色的牙签大小的小鱼儿）的价格是外地同类海产品的两倍以上，想买都不一定买得到，因为季节不对就断货了，市面上卖的都是外地来的。

潮人对食材出产地理的重视意识起源较早，而且基本达成共识，民间把它编成了"潮汕特产歌"来传唱。下面摘录一段，与大家分享。这类歌谣，各地版本都有所不同，大致唱自己家乡的，都会多编一些，谁不说俺家乡好呢！

揭阳出名芳豉油，南澳出名本港鱿；

凤湖出名青橄榄，南澳出名甜石榴；

南澳出名老冬蛴，地都出名大赤蟹；

葵潭出名大菠萝，澄海出名好卤鹅；

海门出名大红螺，月浦出名狮头鹅；

海山出名大虾插，溪口出名甜杨桃；

邹堂出名青皮梨，石狗坑出乌梨畔；

府城出名鸭母捻，梅林出名大红柿；

下湖出名好荔枝，达濠出名鲜鱼丸；

樟林出名大林檎，隆都出名甜米粢；

凤凰出名单丛茶，内陇出名酥杨梅；

石马出名石马奈，东湖出名大西瓜；

……

潮菜的第二个特点是精心烹饪。文学家者流喜欢夸张地说潮菜烹饪大师们善于"化腐朽为神奇"。说"腐朽"过头了，说"普通"或者"一般"比较接近事实。潮菜的食材除了高档的燕窝、鱼翅、鲍鱼、海螺、海参、鱼胶、大龙虾等之外，其他菜品的食材多数是来自普通的海鲜、禽畜和蔬果。再简单不过的食材，也能花样翻新，做出色香味俱佳的菜肴来。我曾经在中央电视台的美食比赛节目里看到过，一位参加比赛的澄海大哥，获奖的一道汤叫"龙舌凤尾汤"。名称可是令人遐想顿生的、上得了厅堂的雅致；食材呢，不过就是几条剥壳留尾的明虾，加上几片切得薄薄的、椭圆形的、口感爽脆的菜脯（萝卜干）而已，成本也就在比赛规则限制的30元之内。看这个节目的时候，我就想起来著名文学家梁实秋先生写的跟随澄海籍的著名学者黄际遇教授在青岛大学（山东大学前身）吃潮菜时也谈到了的吃虾的情节。

黄际遇先生是个数学家，曾经留学日本、美国，也是一位国学根底深厚的学者，可以在中文系开讲"古典诗词和骈文"，在历史系开讲"魏晋南北朝史"。他也是个美食家，饮食考究，在青岛教书时还专门"从潮州（澄海）带来厨役一名专理他的膳食"。梁实秋跟着吃了，赞不绝口："一道一道的海味都鲜美异常，其中有一碗白水氽虾，十来只明虾去头去壳留尾巴，滚水中一烫，经适当的火候上锅，肉是白的尾是红的。蘸酱油食之，脆嫩无比。"后来梁实秋到了台湾，想起要吃这道菜，就叫家里的厨子做了，就是没吃出青岛时的味道来。我想，有可能是虾选得不够新鲜、不是"就流"的，要不就是火候掌握不好，也许是煮老了。哈哈！

潮菜的"化普通为神奇"，其实源于千家万户的"主中馈"者（家庭主妇们）自觉不自觉的创新和创造。米谷主粮不够吃的年份，番薯几乎成了主食。主妇们愣是用多种烹饪方法，轮流使用，把番薯也做得香甜可口，久吃不厌。整个"焅（hib⁴，焖煮）"着吃，烤（煨）着吃，切片"搭"（贴在铁锅上）着吃，加米煮（番薯粥）着吃。如果家里有糖的话，糖烧或者做反砂薯块吃，那可是顶流吃法了，现在这两样都成了餐馆里顾客爱吃的最后甜点了。番薯还可以搓成丝儿煮粥，磨成泥提炼淀粉然后做蚝烙（牡蛎煎），做成小小的丸子可以煮糖水，家里有谁感冒发烧之后肠胃不好就煮着吃；还能做成番薯粉丝，我老家农村里叫"方（bang¹）签"，逢节日时才煮来吃的，如果有鸡蛋、白菜，甚至五花肉、爆猪皮，那就是无论男女老少、人见人爱的佳肴了，类似于东北人都爱吃的东北菜——"乱炖"吧！至于驰名大江南北的"护国菜羹"，不过就是红薯叶泥和高汤做的一碗羹。当然了，给它配上一个精彩的历史故事使它有了文化内涵也很重要。

我们还可以举煮粥的例子，大米全国哪里没有？谁家没有？但是把煮粥做成餐饮行业的一个可以单独开店、营业额比一般菜馆还多的门类，也就只有潮汕人能煮得出来了。我在西北的敦煌、东北的哈尔滨，居然都能吃到潮汕砂锅粥，真是服了在那里开店的老乡们了！

潮汕话把粥叫作"糜"（muê⁵）。糜的种类很多，除了白糜之外，有各种各样的"芳糜"：猪肉糜、朥粕糜、鱼糜、蟹糜、虾糜……鱼糜则还有"橫鱼（豆腐鱼、九肚鱼）糜""鱿鱼糜""鲳鱼糜""草鱼糜"等；还有素食类的秫（zug⁸）米糜、小米糜、大麦糜、番薯糜等。

"煮白糜"听起来好像最简单，但要煮好一锅让潮汕人认可的"糜"着实很不容易，首先是煮粥的米和水大有讲究，最好是东北的珍珠米和矿泉水；二是煮的方法上的门道，这锅"糜"里的米粒必须"外软里硬、米汤黏稠而米心有核

儿"；三是"糜"从煮熟到开吃的时间也要讲究，要"唔迟唔早啱啱好"（不迟不早刚刚好）。我常在外出差，不管是汽车站、高铁站，还是机场，离家的车程大约都在半个小时至一个小时之间，上了出租车就给守家的太太打个电话报平安："我回来啦！"其实是给她递个信号："请淘米下锅，煮糜啦！"太太习惯了我的这种"委婉语"，砂锅白糜大概20分钟煮好，让它"沍（ge²）"10分钟正好吃：一是温度适口、不烫不凉；二是稠度适中、有饮（am²）而黏。我往往是行李箱一放下，连手都来不及洗，就美美地享受起"一日不见，如隔三秋"的永远的初恋——白糜。

我曾经听东海酒家钟大师成泉兄介绍过他如何花样翻新、将普通的"檺鱼"（doin⁶ he⁵，澄海叫"蛇鱼"，广州叫"九肚鱼"，江浙叫"豆腐鱼"，学名"龙头鱼"）除了做成"檺鱼咸菜汤""檺鱼糜""炸檺鱼""檺鱼煲"之外，还把它烹制成蒜香檺鱼、铁板烧檺鱼、椒盐檺鱼、菠萝檺鱼、檺鱼丝瓜烙、檺鱼煮咸面线/粉丝/粿条……用成泉兄的话说，就是"你的用心，让豆腐鱼也翻身"。檺鱼本来是比较便宜的家常菜食材，成泉兄却能够用心研究，把它烹调成为席上美味佳肴。"用心"是关键词，道出了潮菜的另外一个突出特点——精心烹饪。

其实做什么事都是一个样：喜欢了，才会对其"用心"；"用心"了，才会有所发现、有所创造。这是一个带有哲学性的普世规律，不仅仅适用于饮食行业。

至于潮菜酒店里的高档潮菜，不但食材昂贵，烹饪技法高超，而且是各家名店"八仙过海，各显神通"，各有擅长，普通家庭是做不来的。几乎每一位潮菜大师都有自己的独家绝活和看家名菜。我就曾经听好几位香港朋友说，到汕头来，就要去吃东海酒家的"烧鲟

螺"，那可是钟大师成泉兄的拿手绝活。而纪大师瑞喜兄最拿手的应该是鱼胶的制作与烹饪，林大师大川兄则是以制作和烹饪大鲍鱼驰名。

其实，潮菜本来是千家万户潮汕人的家常菜。天天做潮菜、吃潮菜是潮汕人的一种日常生活方式，本地人幸福感爆棚，外地人羡慕不已。但也有一个毛病，就是潮汕人到外地去，总觉得吃不好：不是嫌口味太重了，就是怪食材不新鲜，或者烹饪不得法。潮汕本地的潮菜馆里有点小贵、北上广深港等大城市酒楼里价格颇高的潮菜，是潮菜的另外一种面目——高档潮菜。其食材高档且经精挑细选，汇集各地应时食材，并经名厨大师主理烹饪；高档的潮菜馆通常也都装修雅致、服务周到。这是商业型的潮菜，价格高也是物有所值。

这套丛书第一批共有5本，其中三本——钟成泉的《潮菜名厨》、纪瑞喜的《潮菜名菜》、林大川的《潮菜名店》是三位大师的经验之作，我估计他们是分工合作，分别从厨师、菜式和菜馆三个方面对潮菜的总体面目做个介绍，给读者一个比较全面的印象。

《潮菜名厨》的作者是钟成泉大师。钟大师是1971年汕头市首期厨师培训班的学员，从著名的厨师，到自己创业，半个世纪过去，这中间他换了很多单位，也经过了很多名师名厨的指点，也与自己的师友多有交流，可谓经历丰富，转益多师。在这本《潮菜名厨》里，有他的培训班的老师，也有培训班的同学，还有他工作过的各家餐室、酒家的潮菜师傅：罗荣元、陈子欣、蔡和若、李锦孝、柯裕镇、林木坤等。他写的不仅仅是潮菜名师，其实也是半部潮菜发展史。钟大师大著的特点是资料很珍贵，文字很"成泉"，别的人写不出来。我见过他的初稿，那是他一笔一画写在手机上的，真的是"第一手"资料！

《潮菜名菜》的作者是本套丛书的主编纪大师瑞喜兄。1983年，高中毕业的纪瑞喜到汕头技工学校厨师班学习烹饪技艺，后来到当时很著名的国际大酒店工作，一边工作一边偷师学习潮菜烹饪和酒店管理。后来，他辞职出来与朋友合伙办饭店。1994年，他创办了自己的建业酒家。在汕头，龙湖沟畔的建业酒家几乎无人不知。纪大师瑞喜兄爱思考，爱琢磨，对40年来的潮菜烹饪和30年来建业酒家的经营管理有一套成熟的经验。这本《潮菜名菜》介绍的就是他自己琢磨出来的几十个名菜。如果您家庭生活费已经实现开销自由，可以到潮菜酒家照书点菜，尝一尝、品一品；如果生活费还需加严格管控，也可以把这书当菜谱，回家依样画葫芦，自个儿买来食材，学习做菜。

《潮菜名店》的作者是林大师大川兄，他是"岭东潮菜文化研究院"的院长。大川兄经营酒家几十年了，年轻时从家乡澄海学厨艺、当厨师、办酒家开始，后来去了泰国普吉岛等地办潮菜馆。他走遍中国港澳地区和东南亚各国，见识了世界各国、各地的潮菜（中国菜）馆。最后又回到了原点——汕头来经营潮菜酒家。他一边经营着酒店，一边整理记录着往日见过的那些有特色的各国、各地的潮菜酒家，就成为现在这本《潮菜名店》了。有机会的话，读者可以按图索骥，去这些酒家尝一尝，看看大川兄所记录的是否属实。当然，相信有些好菜馆大川兄可能还未及亲自去品尝、考察过，遗珠之憾，一定会有，有待大川兄今后进一步补遗拾缺。

《工夫茶》的作者张大师燕忠兄是汕头市潮汕工夫茶研究所所长，2010年从华南农业大学茶学专业硕士毕业后，就一直从事工夫茶的经营和研究工作，至今也10多年了，是工夫茶界的后起之秀。由他来写《工夫茶》一书，是最合适的了。为什么潮菜丛书里会有一本工夫茶的书呢？这就要从潮菜与工夫茶的关系谈起了。潮汕人"食桌"（吃宴席），上桌前先喝足工夫茶，可以看作是"开胃茶"；席间还得穿插上两三道工夫茶，是为了解腻助餐；酒足饭饱之后，还要再换上一泡新茶叶，喝上三巡再撤，是为消饮保健。所以，中档以上的潮州菜馆，每一间包厢里都布置了工夫茶座。

　　《潮菜文艺》的作者是杜奋。小杜是中文系硕士，长于网络搜索技术及文字书写。从韩愈的《初南食贻元十八协律》算起，跟潮菜有关系的诗文、书画如韩江里的鱼虾，很多很多。文艺范的食客吃了潮菜，赞不绝口，大都会留下诗文或书画，一抒胸臆。把这些诗文、书画"淘"出来，并不容易，幸亏小杜的网络技术了得，才使这些赋予潮菜文化品位的宝贝得以集中起来，与读者见面。读者可以一边品赏潮菜，一边翻阅这本书，看看名家是如何品评潮菜的，与你的"食后感"是否一样。

　　潮菜，是我一辈子的挚爱！美食家蔡澜用潮语"抆舌"俩字赞美潮菜，是说潮菜被人"呵啰（夸奖）到抆舌"，是啧啧称赞的意思。我也是一样，说起潮菜来，便喋喋不休，一不小心就写了七八千字。我自己还曾经受邀担任过一套潮菜全书的编委会主任，想为潮菜文化做点事，但由于协调能力有限、力不从心，遂致半途而废。现在的这套潮菜丛书的编委会主任李总裁闻海兄才高八斗，且人脉广泛、江湖地位高，其尺八一吹，应者云集。丛书作者们在他的领导和敦促下，日以继夜，终于成稿。自己未尽的心愿，终于有人完成，我当然乐见其成。遂作此文，以为祝贺！

　　是为序。

甲辰酷暑于花城南村

———————

谨以此书，

纪念我的恩师罗荣元以及所有为潮菜事业奋斗的师傅们！

———————

"潮 菜 名 师 罗 荣 元"

子 合 影 留 念　　　2020. 12. 22

目录

念旧
——作者自序

有一天，老婆半开玩笑地问我，你的身份证号码尾数上是否有3这个数字？我愣了一会儿，说不止一个3，尾端上是×××33。

哈哈哈！她竟然玩起数字游戏了。

她笑着说，这不是玩数字游戏，人家说身份证的尾数是3的人，是比较念旧的。她接着说，近几年来发觉我特别念旧，除了寻找一些过去的"老厝边"（潮汕方言，老邻居）之外，还把老同事和曾经一同学习过的老厨师寻找出来叙叙旧，甚至连老城区的老店老铺也都不放过。

真有点意思，能用数字窥视出一个人的某种情结，有点"神仙老虎鬼"（"做戏神仙老虎鬼，做桌靠粉水" 是一句潮汕烹调的俗话）的味道。而我还是头一次听到身份证的末尾数字上还有如此功能，而且对于我来说，还真是那么一回事。

写完了最后一位潮菜烹调厨师李鉴欣师傅的饮食故事后，我扔下手机，如释重负。我面朝天空，深吸一口气，然后大吼一声，完成了！

这一群老饮食人，必须让他们有一个记录，这是这几年我与一群美食家和厨师在玩味潮菜时，突然想到的。

这一群老饮食人，他们都是在最美好的年龄段来汕头市的，用一生见证了汕头市餐饮事业的繁荣和发展。他们在最困难的年代坚守在汕头市，不忘初心，为潮菜的发扬光大和传承延伸付出了一生。

这一群老饮食人，他们一生坎坷，技术精湛，不遗余力忙碌着，却未求留名。然而他们却渐渐地被遗忘了。

这一群老饮食人，让我在编写的时候常常犯愁，皆因知识的极限性，在寻找不到人物故事的情况下，我没能找到其他突破点；有历史资料的时候，又不能明白他们当年的一些处事。

为了寻找这一群老饮食人（老厨师们）的厨界生平，我查资料，寻找他们的后人，联系一帮原同事和师兄弟来提供线索，了解他们的性格和烹调技术。最后我也学着重走"长征路"，到他们的家乡去。

于是我与我的师兄弟们多次到潮州市去，到潮州的牌坊街、古巷镇、意溪镇、官塘镇、溪口镇、文祠镇、归湖镇、江东镇、金石镇、浮洋镇、龙湖古寨、庵埠镇、凤凰镇等地去；到饶平县的黄冈镇、浮滨镇、新丰镇、东界镇、洪洲镇、钱东镇去。

到汕头的潮阳区、潮南区、濠江区、南澳县；到原澄海县去，到澄海的莲下、新溪、鸥汀、外砂、东里、莱芜等乡镇去。

到揭阳的埔田镇、桐坑乡、炮台镇、新亨镇去；到揭西县的河婆、棉湖镇去；到普宁的流沙镇、南径镇、洪阳镇、占陇镇、军埠镇、下架山镇去；到惠来县的惠城镇、靖海镇、神泉镇去。

到这一群老饮食人的家乡去，去了解潮菜与人的脉络交集。

在潮州市意溪镇埔东的厨师村，我与村支部书记交谈，知道了大厨师蔡学诗师傅是他们家乡人。在蔡学诗师傅的影响下，其子蔡金意，其孙蔡庆通、蔡庆辉，一家三代都延续着潮菜烹饪之路。在介绍另一位厨师蔡得发师傅时，还引出了一大批厨师在其他地方从事厨艺，留下一道道美味佳肴的故事。这就是我在还原这一群老饮食人的生平和寻找他们的足迹身影时，所走的地方之一。

为了寻找这一群老饮食人的生平和足迹，我也走访了汕头市的饮食老人陈锡章先生，聆听老人家叙述过去老城区的饮食布局和一些老厨师的个人生活趣事。老人家特别提到"大肿"蔡炳龙师傅的厨艺功夫了得，而且拳头过硬，能以一敌十。他同时披露"白菜佬"蔡森泉师傅是汕头第一个被调去北京人民大会堂煮食为外宾服务的人，让我很惊奇。我去查找相关资料，发现果真有此事，特别是有份汕头人事局的调令文书作为佐证。

同时我也约访了原饮食服务总公司的副总经理胡钦宏先生（有时候也喊他老师），让他还原了当年公司一些厨师遇到的所谓不公正对待，用真相作一个交代。例如陈霖辉师傅当年考三级厨师的问题，街坊一度热议，以陈霖辉师傅当年的技术，大家质疑当年为什么不给他二级；还有为什么公司不让特级厨师蔡希平师傅调离，通过这一次次的约访，我得到了真相。这也让我更准确地掌握到一些史实，这些叙述的内容都将是历史上最珍贵的记录。

历史上如果能留住什么，必须依靠一代代人的努力，并且通过他们留文、留声、留影而形成。幸运的是，我同时也取得了这一群老饮食人的后代的信任和支持。他们纷纷把祖父辈们鲜为人知的烹调故事告诉我，把一些老照片也贡献出来，让我们领略到了这一群老饮食人的昨日风采，让故事更完美。

原汕头陶芳酒楼的名厨吴再祥师傅的后人吴得木先生，把他父亲的一寸黑白相片找出来。他说他没有继承父业，他说这是一项貌似光鲜、实则辛苦的工作，而且有时候还会被人看不起。他说他父亲得了胃病就是一个明显的例子。确实，每一位饮食人，每一位厨师为了做好美食出品，让大部分人准点吃上饭菜，他们自己却是在不准点的时间吃饭。所以过去的厨师们都很容易得胃病。

一代名厨之后李桂华师傅，当听到我想收集老前辈厨师的资料和照片时，马上把他父亲李树龙师傅的珍贵照片拿出来，让我感动不已。曾开深师傅之子，名厨曾茂镇之孙曾向荣先生也把他祖父的旧照片贡献出来。这些名厨之后除了献出一些照片之外，还叙述着很多鲜为人知的史实。我是在得到他们的认可后，在他们的见证下完成了这一群老厨师们的烹饪故事的，绝无虚编。

哎！相识和不相识的这一群老饮食人，他们带着潮菜烹饪技术，通过这一次次的整理，熟悉的身影又出现在眼前，让我又重新置于当年的环境之中。只见他们操刀、握鼎（潮汕方言将炒菜的锅称为"鼎"）、刴鱼、起肉、翻炒、起镬、摆拼、造型；烹调上的咸、甜、酸、香、辣，色、香、味、形、器，一盅盅，一件件，他们都能在规定的时间和不同的场合完成，所有出品从形态上都是栩栩如生。

我不是写史，我是在讲述昨天的故事，我只是跟他们中的相当一部分人共事过，熟乎！因而从一个侧面去解读他们，或许这就是念旧吧。

念旧，如果通过此等努力达到真的念旧，让一群早已认识的，而又被遗忘了的厨师重新走到台前来，让后学者们认识，这种念旧也真的是幸运之极。

如果真的能在念旧中为潮菜的历史刻画一些厨师的形象，这一点足矣。

曾为沧海一粟，人生何不留名？

念旧，我想谁都会，要不然历史是谁留下的呢？

$\dfrac{1}{2}$

1. 20 世纪最初十年的潮汕农村（摘自《旧影潮州》）
2. 20 世纪最初十年的潮汕小孩（摘自《旧影潮州》）

1. 1920 年的韩文公祠（摘自《旧影潮州》）

2. 1920 年的潮州湘子桥（摘自《旧影潮州》）

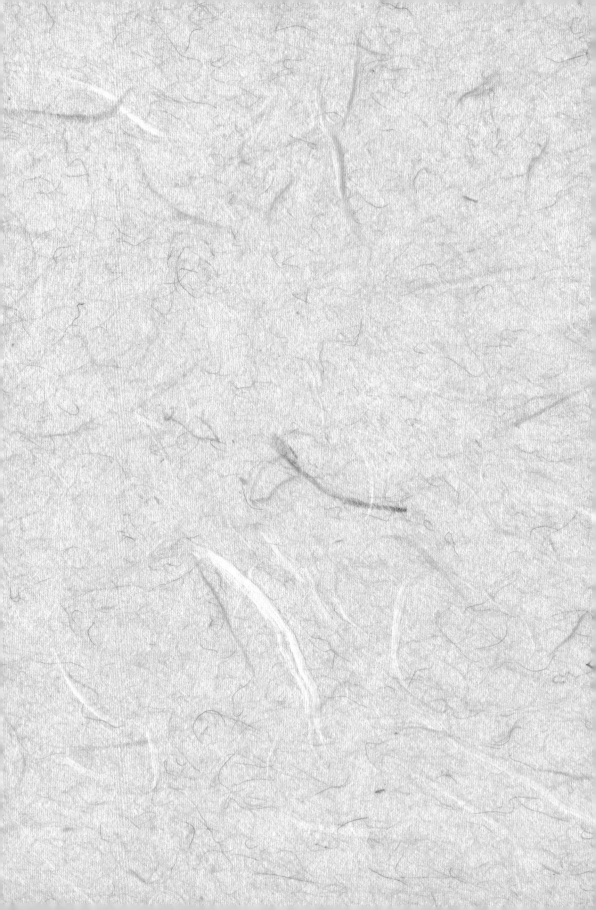

源起

潮菜千年

什么是潮菜

什么是潮菜？大潮汕已经把汕头市、潮州市、揭阳市划分为三个行政区域了，回答此问题确实有点为难。

地方菜系的形成，历史上有它的特殊原因。交通不便，信息不灵，让许多食材难以往来和互相渗透，于是人们在自己成长生活的地方，形成了自己劳作、收获和烹制的范围，用地方文化解读地方菜肴的理念。又经过历代厨师的千锤百炼，历代文人的资料总结，把形成的烹饪方式和口味，用口述或者文字的方式流传下来，这就是地方菜系。

古老的潮州城曾经管辖过潮安县（海阳县）、揭阳县、普宁县、惠来县、潮阳县、澄海县、饶平县和丰顺县八邑县。地理条件得天独厚，自然资源丰富，并且拥有三大天然河流。韩江、榕江、练江延续出错综复杂的支流与池塘，在潮汕平原上形成了独有的田园风味文化。中国南海绵长的海岸线带来丰富海产自然资源，结合滩涂物产，酝酿出海鲜的味道。潮州人因此在这种饮食文化背景下衍生出自己的独立菜系，潮州人希望称为"潮州菜"，而广大潮汕地区的人们觉得称为"潮菜"更合适。

地方菜系的形成，需要结合历史、地理环境、人文素质等要素，更需要一个重要的时间节点来支撑。1000多年前，韩愈被贬来潮州为官，他从京城带来了许多文化，因而人们把潮州菜源头追溯到韩愈的身上。

从我们习厨学潮菜的那一天起，多位前辈师傅都说潮菜是在潮州古城兴起的，是从韩愈先生那个年代开始。汕头市饮食服务公司文人陈子欣老师说韩愈先生从京城带来了众多随从，其中就包括了家厨。家厨沿用中原的做菜方式，结合潮州当地食材，在一定程度上改变了潮州人吃生吃野和茹毛饮血的习惯，并将这种方式传播给了当地人。所以潮菜的源头，理所当然要算在潮州古城、要算在韩老爷子身上。

这是一个美丽的故事，这让潮菜溯源在历史时间、地理环境、人文素质上都有了支撑点。潮州古城的韩江流域段，原来被称为恶溪，都因韩愈的治理而改姓韩了，对于潮菜发祥地源头的考究，你还有必要再去别处追溯吗？

20 世纪 20 年代的海关钟楼（摘自《汕头旧影》）

从过去走来

　　1860年汕头未开埠之前，潮菜的厨师还是大量留在潮州古城的，其中便有许香桐师傅的父亲许长利先生、蔡学诗师傅之父等。

　　1860年，汕头开埠，1921年汕头设市，很快成为粤东的政治、经济、文化中心。汕头市最活跃的老城区中心有四永一升平、四安一镇邦的纵横道路格局，在这纵横格局里有许多大酒楼食肆。这些酒楼食肆拥有大量潮州籍厨师，这与当时汕头生意旺盛，繁华热闹的经济环境有关。陶芳酒楼、中央酒楼、永平酒楼、中原酒楼、百乐酒家、皇后酒家、永和酒楼、大中华酒楼、汕头旅社、乐乡饭店、老月苑酒楼相继在清末至20世纪20年代出现，吸引了大量潮州籍厨师及其他周边市、县厨者的涌入。

　　反观潮州古城，由于政治、经济、文化中心地位削弱，大量潮菜厨师辗转到汕头市谋生，因此潮州菜的烹调人才就难免在潮州本土流失，这是时代前进的必然。以许香桐、许香声、蔡学诗、曾茂镇、曾炳权、蔡得发、蔡得昌、蔡清泉、周木青等为首的一批潮州厨者，就是早年在汕头的从业者，也是见证者。

　　随后他们又影响了另外一批人，诸如朱光耀、朱彪初（古巷镇），蔡清泉、蔡炳龙、蔡金意、蔡来泉、蔡森泉、蔡利泉、蔡利钦、蔡福强、蔡得昌（埔东村），李树龙（归湖镇），刘添、吴再祥（文祠镇），李鉴欣、曾开深、柯裕镇（意溪镇），胡金兴、胡森兴、陈有标、吴庆、林昌镇、林昌恭（庵埠镇），翁耀嘉等潮州人来到汕头市就业。

1939年汕头沦陷，潮菜大厨许香桐师傅就跟随原汕头永平酒楼的一位老板远赴泰国，在泰国办潮菜酒楼，开创了泰式潮菜，影响深远。此后一批潮菜的厨者远赴东南亚国家以及中国的香港、澳门等地谋生。

20世纪50至60年代的潮菜与其他菜系一样处于低潮期。尽管如此，聪明的潮菜师傅们还不忘用瓜果、蔬菜来代替出品，让潮菜的烹调手法不变，为后来潮菜的发扬、延伸、传承保留了纯正的技艺。

20世纪70年代初，汕头市饮食服务公司考虑到潮菜后续发展的问题，举办了唯一一期厨师学习班。厨师们继承了潮菜厨师先辈的衣钵，为后来的潮菜发展作出了贡献。这一期的潮菜厨师有陈友铨、魏志伟、陈汉华、陈汉初、陈伟侨、陈文正、陈木水、林桂来、刘文程、薛信敏、杨合泉、胡国文、张钦池、王月明、钟成泉、蔡培龙。

在香港，潮菜早年以天发潮州酒楼为代表，后来的百乐潮州酒家、金岛燕窝潮州酒楼、潮州城酒楼、潮港城酒楼、韩江春潮州酒楼、佳宁娜潮州酒楼、九龙创发潮州酒楼等相继涌现，都聘请潮州师傅或具有烹制潮菜技艺的人士担任主厨。

原香港西环一带的南北行地段，有一家酒家叫天发潮州酒楼，是潮州人陈潮文先生家族在20世纪30年代初期创办，酒楼的厨房师傅都是潮州人。我在1984年去香港考察饮食业时曾与他们见过面，也交谈过潮菜的一些人和事，只是未记下他们的名字，有点可惜。后来我在香港一些潮州酒楼中先后认识了几位潮菜前辈师傅，他们是许锡泉、吴木兴、高元盛、吴

南生公司建成时的照片，五楼依稀能看见中央酒楼的字样

添哥等。

在广州，广府菜在粤菜市场中占有半壁江山，但由于中国出口商品交易会（2007年正式更名为"中国进出口商品交易会"，简称"广交会"）的原因，较为小众的潮州菜突然间也受到重视。据说原因竟然是当年周恩来总理亲选了潮菜：因为参加交易会者有很多是东南亚国家的潮州商人，为迎合他们的口味，特地设立了潮州菜厨师班子。受到指派去广州华侨大厦组成潮州菜班子的人，便是潮州名厨师朱彪初、朱光耀兄弟二人，以及其弟子陈俊英先生等人。后来潮州人蔡福强师傅、李树龙师傅和郑瑞荣师傅等一班人到南园酒家组成另一个潮州菜班子。

随后潮州菜的影响一度很强势，特别是在延伸发展方面，都是由各地的潮州人或者会烹制潮州菜的其他人士为主，故此一度有习惯性的叫法，统称为潮菜。潮菜的继续延伸发展，世人已经有目共睹。特别是有一大批非潮州籍人士，他们在潮州菜的基础上，融入各自家乡的饮食元素，提升了潮州菜的影响。

影响潮菜发展的人士还有各县市的厨师郭瑞梅、孙南海、张清泉、郑瑞荣、罗荣元、李锦孝、蔡和若、李得文、姚木荣、方展升、魏坤、陈霖辉、蔡希平、柯旦、柯永彬、黄祥粦、陈俊英等。

再到后来，中国上海世博会、韩国丽水世博会等，都是以潮州菜代表粤菜作为八大菜系之一参加博览会，可见潮州菜受到各方面重视的程度。张清泉、周木青等为首的一批潮州人厨者，就是早年在汕头的从业者，也是见证者。

1 / 2 / 3

1. 中央酒楼的西餐厅
2. 中央酒楼内部客房
3. 中央酒楼的八楼天台花园

记住先人，留住味道

什么是味道？潮州菜的味道为何如此吸引人？我曾带着这个问题走过很多地方，走访了潮州市很多乡镇。

味道，适口即珍，烹制出来的菜肴符合人体味蕾需求，就是完美的味道。咸、甜、酸、香、辣是任何菜系的主要调味表现。从烹者的角度说，这5种味道贯穿整个厨房烹调出品的主线；从品者的角度说，这5种味道包含着大众需求和个人味觉的爱好。

汕头市饮食服务公司老师陈子欣先生曾经这样为我们讲述味道：在中国，你可以把味道分为4个大区域，即东酸、西辣、北咸、南甜4个味觉发生区，然后再以族群居住地的口味爱好去确定它的味觉方向。这是多么好的一个味道分布图。我们作为烹者，对于味道，只有带着认真烹饪和欣赏的态度，才能体会和掌握味道的准确性。

如何把咸、甜、酸、香、辣这5种味道贯穿到潮菜中去呢？烹调是关键，烹是火候，调是加入食材所需的辅助材料，以时间把控，达到完美入味。

潮菜关键的出品味道呢？我的理解是它们煮鲜得鲜，入味得味，绝大部分菜肴体现的是"清而不淡，鲜而不腥，嫩而不生，油而不腻"的境界。为保持原汁原味，潮菜在烹调技术要求下"汤清能见底，味甘纯入喉，酸甜求统一，焖炖宽大糊，泡炒求紧汁，煎炸定酥脆"。

当下，在媒体传播上，美食大行其道，各类网红餐厅层出不穷。人们关注的多是菜式菜品，注重的是食材的获取与烹饪技艺表演，而在潮菜发展路上辛苦耕耘的厨师却少有人知。特别是在不讲究个人荣誉的年代，太多的潮菜师傅默默奉献了一生却未能在历史上留下一个身影。

我认为，今天的潮菜能得到世人的认可并得到广泛传播，历代先辈们的坚守是功不可没的，正是他们的千锤百炼，潮菜才有了今天如此牢固的基石。我写下的这些厨师的故事，有的是我曾经共事过的，有的是通过收集资料或者采访其后代得到的，希望通过书籍记录的形式，表达一个老餐饮人对潮菜老师傅们崇高的敬意。

1. 乾芳酒楼报纸广告（摘自《汕头指南》）
2. 中央酒楼报纸广告（摘自《汕头指南》）

1/2

记忆

那些人，那些事

一代宗师罗荣元

　　潮菜传承，是岁月深处的烹调密码。一座城市的饮食总是与它的历史结合在一起。城市如何发展，烹调味道也就跟着迭代。

　　汕头这座只有160多年历史的城市（从1860年汕头正式开埠算起），似乎有点年轻，但历史是什么呢？历史需要一代代地保护下去，积淀下去，才能成为历史，百年才能延续至千年，进而才能不朽。望着那些被翻新的老骑楼，虽然少了岁月的韵味，但好在有了生机，不会再荒废下去。

　　同样的，饮食的传统需要保护，烹调上的老味道需要有人去复兴，潮菜佳肴也需要人去传承，才能够给一代代食客继续享用。庆幸的是，有人一直在做这样的事，我的师傅罗荣元先生就是这样的人。

　　"春香手上玉指环，送与郎君随身带。"这是潮剧《春香传》中的一句唱段，曲是委婉悠扬动听，语是含情脉脉绵绵……

　　想起恩师罗荣元师傅，总会想到这一潮剧唱段；每当听到《春香传》这一潮剧唱段，就会想起恩师罗荣元师傅，仿佛印入脑中的旧影子再现。特别是在晚上休闲时，罗荣元师傅在窄小的厨房内，坐在高脚竹椅头，手部屈弯靠在木砧板上，微微眯着眼睛，哼唱着这一曲古老的潮剧唱段的场

罗荣元师傅

面又浮现出来。

半个世纪了，在汕头市老标准餐室，罗师傅喜欢的这句潮剧曲调经常萦绕在我们耳边。时不时，我与师兄弟们都会循着飘远去了的声音，去寻找罗荣元师傅身影上厨艺的密码。

20世纪，在汕头市餐饮业界，特别是主打潮菜的厨房里，一提到罗荣元师傅，谁都会知道他的江湖地位。

这期间的1971年至1973年，他受汕头市饮食服务公司指派，培养了汕头市首届厨师班共有16名弟子，他们是陈友铨、陈汉华、陈汉初、陈伟侨、陈木水、陈文正、蔡培龙、刘文程、薛信敏、魏志伟、杨合泉、胡国文、张钦池、林桂来、王月明、钟成泉。

紧接着在1974年、1977年、1979年这3年的短期培训中，他又和张清泉师傅、蔡得发师傅、郭瑞梅师傅、郑瑞荣师傅、吴再祥师傅等受汕头地区饮食服务总公司邀约，为汕头地区各县市进行短期培训。各县市接受培训的学员有林传裕、杨锡坤、方桂川、方振和、林俊辉、林潮、徐潮由、林拱文、江仕进、刘巧金、刘老三、郑锦元、肖占魁、梁祖槐、蔡锦林、汉城等，汕头市区的有罗鸿生、姚佑金、陈瑜明、张昭平、许树鑫等。

1979年末到1980年初，他为汕头地区商校培训了一批潮菜中专生，他们是陈文修、陈成全、黄文振、许博志、马陈忠、郑元耀、陈远成、吴惠林、郑庆喜、蔡三元等。

受汕头市劳动局的邀请，1982年、1983年、1984年，罗荣元师傅连续3年为汕头劳动技术学校培训烹饪专业班做理论实操技术培训，培训的学员有尤焕荣、钟昭龙、纪瑞喜、陈贞勉、林志仪、马陈明、刘世斌、王龙生、马志明、肖阮、马春生、王武、姚汉雄、陈敬骅等。

1990年后，罗荣元师傅继续为粤东技术学院烹饪系培养潮菜专业人才，学员中有陈少俊等。由此在汕头地区餐饮界，潮菜烹饪领域里到处都留下罗荣元师傅的影子。

他培养的弟子和学生遍及大潮汕各个角落。而这些弟子和学生在罗荣元师傅的精心传授下，很多人做出了不俗的业绩，而更大一部分人作为潮菜厨师游走在国内外各地，为潮菜烹饪事业作出贡献。

就目前来看，在潮菜培训领域，还没有一个人培养的弟子数量能超越罗荣元师傅。罗荣元师傅培养的弟子有多少呢？难以统计。但通过记录一些创办酒楼食肆或传授厨艺的人，便可窥见罗荣元师傅对潮菜的影响力。

罗荣元师傅与徒弟们合影

罗荣元师傅在校培训学徒

林传裕先生，揭阳榕江大酒店创办者。他从承包老榕江饭店做起，把榕江小饭店经营成为星级大酒店，让很多饮食同行刮目相看。

钟成泉先生，汕头市东海酒家创办者。他让酒家经营传统菜品牌，经久不衰，现被淡浮院聘为潮商学潮菜学术研究专委会主任。

纪瑞喜先生，汕头市建业酒家创办者，汕头市潮菜研究院院长。

刘世斌先生，汕头市快活酒家创办者，汕头市餐饮协会副会长。

林志仪先生，红磨坊食肆创办者，拥有多家连锁店。

马陈明先生，美式牛房食肆创办者。

徐潮由先生，饶平县潮盛海鲜酒楼创办者，多项厨艺荣誉获得者。

方桂川先生，惠来县怡香酒家和连城大酒店创办者，多项厨艺荣誉获得者。

罗荣元师傅还有众多弟子分布在各个学院里继续传授厨艺学识。广东省粤东高级技术学院和汕头市技术学院有他的弟子陈汉华、王月明、陈少俊、王龙生、张昭平，他们都在学校继续教学，传授烹饪课程和实操课程。

另外，在大潮汕各县市的酒店、酒楼食肆还有大量潮菜烹调高手，大都是罗荣元师傅的徒子徒孙。今天在谈论潮菜传承和发展时，罗荣元师傅传授厨艺的功劳，是任何时候都不能被忘却的。

罗荣元师傅，普宁南径人，少年来汕帮厨，是老汕头城区老南和食肆徒工，他与家乡人罗应源、罗应党、罗亚龙等人把老南和食肆做得有声有色。

青年时期，罗荣元师傅面对潮菜的广阔天地，集众家厨艺之长为己用。1956年公私合营后他被调来标准餐室。刚好当时刘添、蔡福强、蔡得发、李树龙等都在标准餐室，于是他先后师承刘添师傅、李树龙师傅等。

并与若干潮菜大师傅来往甚密，先后有张清泉、蔡炳龙、蔡得发、郭瑞梅、朱彪初，蔡清泉、蔡福强、蔡和若等。

1959年汕头市大华饭店开业，罗荣元师傅与李树龙师傅被调去主理厨房菜品部，为当年的大华饭店注入潮菜出品的力量。由于当时办酒席较少，一年多后，李树龙师傅被调往汕头大厦，罗荣元师傅由此全面主理大华饭店的饭菜及炒卖的出品。

罗荣元师傅的履历如下：

1935至1943年，老南和杂工。

1943至1945年，潮阳海门、汕头运货员。

1945至1956年，老南和厨工。

1956年后，在汕头市饮食服务公司下属标准餐室、大华饭店、人民饭店等处当厨工、厨师。

1972年上半年，李锦孝师傅因柬埔寨驻京临时政府需要潮菜师傅而奉命调至北京。汕头市饮食服务公司举办的七一届厨师培训班需要接替他的传授师傅，因而从大华饭店调派罗荣元师傅到标准餐室接手厨师培训班，从此厨师培训班进入了罗荣元时代。

罗荣元师傅是我们的师傅，也是很多人的师傅，大家对他有高度评价。他身材不高，步伐矫健，判断灵敏准确，出手不凡，做事果断，而且善于体恤学生冷暖。

如果我们从罗荣元师傅身上去寻找，就能看到以下优点：

他的个头虽然矮小但是身手特别敏捷；（特征）

他不会因为某些利益关系而屈身于人；（个性）

他做菜变化多端让一只鸡变出多味道；（灵活）

他善烹鲜鱼会让鲜鱼随刀随鼎而变化；（观察）

他应急上菜肴略粗但不失味道合理性；（应急）

他烹调每个菜肴能做到细工夫不费时；（精细）

他会因为你的技术不到位而大声训斥；（传授）

他也会为你解读某些菜品而孜孜不倦；（耐心）

他更会深入浅出地说出原理让你理解；（剖析）

他会举一反三说明菜品的关联和共性。（借鉴）

在过去，大凡顶尖的潮菜师傅都是刀砧板上与炉台炒鼎能手，罗荣元师傅绝对是这样的人，所以他是一个能做到"操刀，刀快如飞；握鼎，鼎轻如扇；雕花，花似形同"的人。

理解，是一种成熟的认识过程。完成任何一种菜肴，理解烹调的相互作用是最关键的。罗荣元师傅是一个能理解细节的人，所以掌握关键细节才能出好菜品。

他会告知你：刀工整齐划一、厚薄均匀是菜肴完成出品的必要优先环节；烧炸之前的腌制必须弄清，低于20分钟时间是不会入味的；焖炖的火候掌控必须明白，汤清味浓都是猛火烧沸慢火收汁的结果。

能成为罗荣元师傅的弟子是荣幸和骄傲，故此我们很想把他做过的菜和一些品种、过程简要说与大家共享。

罗荣元师傅烹制的菜品：干炸鲜蟹塔、传统腐皮酥鸭、干炸肝花、荷包糯米酥鸡、雪耳荷包鸡、炸玻璃酥肉、炸芙蓉炸肉、炸佛手排骨、五香炆鸭、笔筒鱼册、香酥鱼盒、南乳扣肉、炸五香果肉、巧烧肥鹅、北葱焖羊、清炖羊肉、菊花鱼球、白汁鲳鱼、五柳鱼、油泡麦穗花鱿、炖牛奶鸡球、活肉菜远炒饭、活蛋炒饭、炸云南鸭、桂花炸大肠、绉纱甜肉金瓜芋泥等。

过去的年代，一位厨师要被人认可，是要经过很长时间努力的。从学徒打杂到厨房各工种，都是要靠勤学苦练，而且要知其然，更要知其所以然，罗荣元师傅就是这样的人。

2002年美食家蔡澜先生在金海湾大酒店欣赏过罗荣元师傅表演的几个传统菜肴，其中有炸桂花大肠、南乳扣肉等名菜，品尝后赞不绝口。在追求味觉感受上，蔡澜先生的能力是大家公认的，他能对罗荣元师傅的烹调作出高度评价，应该也是对罗荣元师傅的高度肯定。

罗荣元师傅作为时代的杰出代表，在国庆五十周年时，汕头电视台也曾登门为他拍摄电视专题，特意介绍罗荣元师傅在潮菜上的贡献，在授徒方面也有专门介绍。

罗荣元师傅是潮菜的一代名师，在潮菜界拥有不可挑战的宗师地位，后来者能超越他吗？我看很难。

注：罗荣元的档案是罗荣源（沅），我们认识他时就一直使用元字，故此我们习惯了罗荣元这个使用名字。

天顶雷公，地上许香桐

雷公，从过往的各种描述看，应该有足够的武功神力，能替天上的玉皇大帝管领一方天地。他必是呼风唤雨，庇护百姓、造福人间，又或者是施风催雨，导致天灾人祸。

"天顶雷公，地上海陆丰"这一句话，是早年大潮汕皆知的一句话。然而这一句话，却有多种解读的版本。远去的年代，潮汕地区的人要去往惠州地区、省城一带，这海丰、陆丰的山区路是必经之路。

得益于一面向海、一面靠山地理优势的海丰和陆丰人，把握着来往的咽喉要道，路过此处的人必须要有一些交代（如留下一些买路钱），因而才有"天顶雷公，地上海陆丰"之说。

曾经有人形容海丰、陆丰人是受山野之风的熏陶，兼具有大海的胸怀，成就了侠义与豪爽、彪悍与柔情的综合性格。这一句"天顶雷公，地上海陆丰"褒贬不一的原话，其实已经距离我们太遥远了。

我如今只记得海丰、陆丰的海鲜和山货，可烹为菜肴多多。最有印象的菜肴是"生地红枣炖肉蟹"和"姜丝焖海蛇段"。

为了记录一名素不相识的潮菜名厨，先引出海丰、陆丰人的一些事和一些菜来。哎！真的是有点故弄玄虚。

没办法也，原因是这名潮菜先厨也有一个类似比喻："天顶雷公，地上许香桐。"让我们这些后辈也莫名其妙。

"天顶雷公，地上许香桐"，这是汕头市早年厨界对潮菜烹饪名厨许香桐师傅的形容。从字面上来解读，刚开始觉得这好似是武林侠客行走在江湖上，可以说是武艺高强的一方霸主，拥有呼风唤雨的"雷公"范。

是的，大家把名厨许香桐师傅推到这么高的位置，说明他的厨艺精湛，技术过人；而且应该是一个说一不二，又能让大家臣服的厨界领袖，在潮菜的饮食江湖上是一个不可挑战的霸主。

翻开近代潮菜在汕头市的所谓厨师族谱，尽管各方人士争权夺利，但谁都不敢忘记潮州市意溪镇橡埔村人许香桐师傅。大家都一致推崇他为汕头第一代名厨，足见许香桐师傅的影响深度和厨艺功力的厚度。

走在满布历史痕迹的汕头老市区，回望依然屹立的永平酒楼里残破老旧而且空洞的楼宇，你不知道这里曾经迎来送往了多少厨师，相识的不相识的都有。虽然他们都曾有杰出的表现，但已很少人去提及了。

我们谁都不认识许香桐师傅，据老饮食人黄顺先生说，许香桐师傅在1939年跟随永平酒楼的一位老板离开汕头市，远赴泰国去了。他在泰国创办了潮菜酒楼，成就了潮菜离开本土后的一番事业，开创了泰式潮菜的一片天地。

那些认识许香桐师傅的厨师们也许早已在地府阎王爷的家里煮菜，或者在天国各献厨技了。尽管如此，历史上还是留下了片言只语。

最近我在与一些名厨之后聊起过往之事时，隐约听到了一些远去的声音。大厨师曾茂镇先生之孙曾宪荣先生谈到其父亲曾开深先生在永平酒楼工作的时候，曾经和许香声师傅共事过，许香声师傅与许香桐师傅是同胞

位于潮州市意溪镇橡埔村的许氏祠堂

兄弟。

　　曾宪荣听他父亲曾开深说到许香声师傅的时候，多次提及曾茂镇与蔡学诗、许香桐、许香声、蔡得发、蔡得昌等人都是潮菜烹制名家，说他们当年都在汕头市老永平酒楼共事过。

　　他说父亲曾开深与许香声师傅共事多年，多次听许香声师傅提过兄长许香桐，并说其性格上的霸气和厨艺技术的高超，未有人能及之。

　　大厨师蔡学诗先生之孙蔡庆辉师傅，尽管是模糊的记忆，谈到其祖父蔡学诗时，也会说到蔡学诗曾经和隔邻乡村橡埔村的许香桐师傅、许（响）香声师傅一同在汕头市老永平酒楼共事过。蔡金意先生也曾说过许香桐师傅和许香声师傅的一些厨房之事。

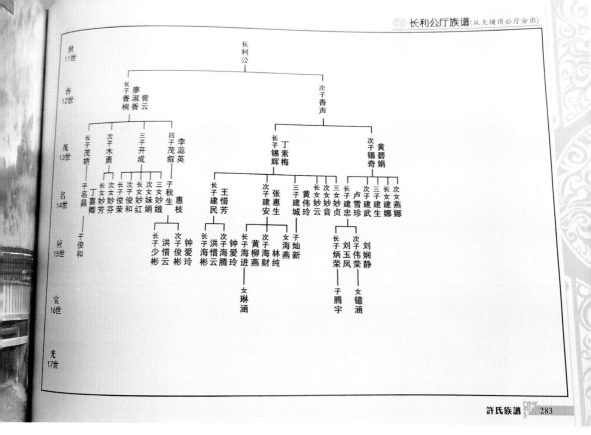

橡埔许氏族谱上关于许香桐家族的记录

如今曾家之后曾宪荣师傅与蔡家之后蔡庆辉师傅，他们两家人之间素有来往，谈到父辈过往的交情，他们也是兴奋溢于言表。

我们师兄弟这几年多次前往意溪镇埔东厨师村探寻潮菜师傅的发展足迹。当谈及蔡学诗师傅与许香桐师傅的时候，意溪镇埔东村蔡书记马上说出许香桐师傅是他们邻村人，属意溪镇橡埔村人，当年与其弟许香声师傅和埔东村蔡学诗师傅都是同时期的潮菜名厨，技术十分了得。

最近与胡国文师傅去拜访了一位饮食老人，已经98岁的陈锡章先生。言谈中提到老永平酒楼的一些名厨，他清醒地记得有许香桐此人，并说出是与蔡学诗等人同时期的名厨。从大家的反应来看，许香桐师傅在那个年代的影响力可见一斑。

穿越时空的轨迹，去挖掘潮菜名厨许香桐师傅的潮菜故事，应从1922

年开始，而一切描述都是想象而成……

许香桐师傅出身厨师世家，其父亲许长利在家乡是乡桌代表，经常为四乡六里的有钱人做桌（办宴席），从小许香桐与胞弟许香声便跟随左右，因此掌握了一身厨艺，远近闻名。

1922年，位于汕头市永平路头的永平酒楼开业，轰动了整个汕头市的餐饮业。而更为轰动的是永平酒楼的老板居然能够请到清末已经出名的潮菜名师许香桐师傅及其弟许香声师傅和蔡学诗师傅来为永平酒楼掌勺。

潮菜名厨黄楚华先生采访过刘添师傅，曾经听他老人家说过，许香桐师傅和蔡学诗师傅等都有高超的厨艺技术。

他们很快就为永平酒楼烹出好菜肴，在出品上赢得了信誉，同时为永平酒楼树立了诚信经营和热情待客品牌，吸引了在汕头的中外各界美食客商和政要，永平酒楼成为当年很多政要、商贾宴客的重要场所。永平酒楼由此留下一些当年重要人物的印记，为汕头留下一笔重要的记忆档案。

1925年11月7日，当年国民革命军东征军的领导人和苏联军事顾问等，都曾在永平酒楼设宴。最多50多台桌席，请来当地名人，所设酒席的佳肴都是许香桐师傅等烹制的，留下非常好的口碑。

最为隆重的要算1927年2月23日，潮梅海陆丰农民暨劳动童子团第一次代表大会在永平酒楼举行，彭湃、叶挺、贺龙、郭沫若、邓颖超、刘伯承、廖仲恺、陈庚等均出席，可见场面之隆重，这也为汕头历史留下一笔可贵的史实。

而为之提供饮食及宴席服务的便是许香桐师傅、许香声师傅、蔡学诗师傅、蔡得发师傅等。在他们的共同努力下，开启了潮菜在汕头兴旺发达的鼎盛时期，为我们留下许多经典潮菜佳肴。故此很多人认为许香桐师傅、蔡学诗师傅在潮菜的发展史上居功至伟。

20 世纪 20 年代，画面左侧为永平酒楼

根据历史资料和一些老前辈片言只语的回忆，用推断的方法，勾画出一代名厨掌勺时的潮菜烹厨技术，便可晓得他的烹饪能力。许香桐师傅必定是砧板、炒鼎、笼巡、煲炉、卤味以及中式点心全方位的熟悉者。

在砧板台上——操刀配菜，刀快如飞，斩块剁细，大细精准。在分解食材时能做到大小一致，厚薄均匀，整齐划一。

在炒鼎台上——握勺如笔，摇鼎如扇，潇洒自如，翻炒快速，调味准确。焖时能熟烂，酸甜定统一，炖能见汤清，浓能显入味，扣品必整齐，煎炸同酥脆。

在蒸笼台上——入蒸笼前，判断火力与蒸汽饱满，是决定菜肴入蒸笼时间长短的关键。

在点心台上——顶尖的潮菜厨师具备中厨的烹饪技术，更要兼备中式点心的功夫，熟悉水晶球、笋粿、粉粿等配点的操作，要不然菜肴与点心怎样去搭配完成？

在煲炉台上——胸有成竹，清楚炖汤与炖品是兼容的，明白煲仔菜肴是原锅味道再现，能把控到位是长期的经验积累。

在卤味台上——深知卤味是潮州菜第一味，做好卤味已经是完成很多菜肴的一半，任何时候都不能忽视。

由于许香桐师傅有如此过人的厨艺功力，兼一身霸气，故此被饮食江湖的同行们冠以"天顶雷公，地上许香桐"的美誉。

10多年后，许香桐师傅离开了老永平酒楼，为潮菜走出国门努力着，也为汕头留下一代潮菜名厨的传奇故事。

百年后，潮菜在汕头已经发生翻天覆地的变化，过去的菜肴与今天的菜肴相比，已是天壤之别。但是我们今天的厨者却不能忘记许香桐师傅及先厨们的努力，以及他们为我们留下潮菜的精细美味。

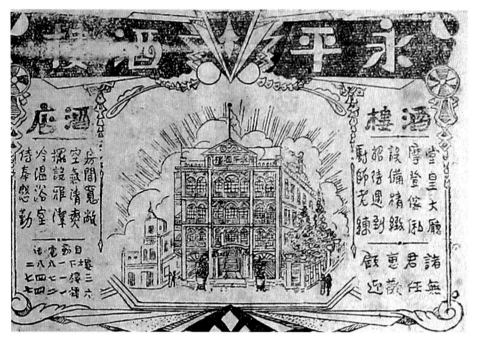

刊登在报纸上的永平酒楼广告〔摘自《汕头指南》〕

写许香桐师傅的很多解读是本人推论，请勿怪。

写到此，本该告一段落，感觉也比较完美了。但忽然有一天，我在潮州市迎宾馆见到蒸笼许庆发师傅，他告诉我们，他是许香桐师傅的家乡亲人，我便萌发了到意溪镇橡埔村去寻找更详细的资料的念头。

在许庆发师傅的引领下，我们见到了许香桐师傅的后人，其孙子许秋生先生和侄子许思煌先生。

经许秋生先生证实，事实上"天顶雷公，地上许香桐"只是一种传说，与许香桐师傅的厨艺技术是毫无关系，更重要的是指他的拳术功夫了得。听他奶奶说过，他爷爷在永平酒楼工作期间，声名显赫，左邻右舍的商铺都与他结交为友，任何人都不敢蔑视他。

至于他的拳术功夫究竟有多强，许庆发师傅告诉我们，他们村以前有

"石柱十八虎"，个个功夫了得，在整个意溪镇谁都不敢小瞧他们，许香桐便是"十八虎"其中之一虎。

这种传说在今天已无法去考证，但是过去的年代里，许多乡村都有组织青壮年练习拳术的习惯，目的是保护村民不受外来人欺负。至此，汕头传说的"天上雷公，地上许香桐"更大可能是指他的拳术高强，能独霸一方。

老饮食人黄顺先生说许香桐师傅于1939年随永平酒楼另一位老板去泰国，后独创泰国新潮菜，影响深远。经多次了解，许香桐师傅到过泰国，也在泰国从事餐饮业，由于水土不服，他在1942年又回到汕头永平酒楼和他的胞弟许香声师傅在一起，肩负着潮菜出品之重任。

不过此时的汕头市已被日伪控制了。据许秋生介绍，许香桐师傅在1943年出入汕头关口时，因错拿了其弟许香声的良民证，被日伪军误认为是抗日分子，捉去严刑拷打。由于许香桐师傅练过拳术，这期间努力反抗，最后被他们用灌水的办法活活灌死，死后被乱葬在砮石山上，至今找不到尸体。后来家人只好在他家乡的坟墓石碑上刻上许香桐的名字，以示纪念。

也有人传说许香桐师傅确实是一名抗日分子，从他去泰国后回来，错拿其弟证件，这种迹象和汕头过去一些归国华侨抗日人士一样，他们通过多种途径进行抗日。

在此，我更愿意相信许香桐师傅是一名抗日人士。

搁笔了，感谢黄楚华先生提供一些资料，感谢口述者提供信息，他们是黄顺、刘添、柯裕镇、曾开深、许茂叙、许思煌、许焕光、许庆发、曾宪荣、蔡庆辉。

大厨蔡金意

　　想编写一本有关潮菜在汕头市的书，把一些过去的老店老铺和从事潮菜的人物记录下来，让后来的学厨者和美食爱好者有更多的了解，知道潮菜在汕头市的发展轨迹，于是通过不断发掘和搜集人物资料来补充完善，这是我一直在努力的事。

　　有一些书介绍过潮菜的相关趣事，把厨师们分为若干年代的代表，早期在汕头有突出表现的潮菜名家许香桐、蔡学诗、郭瑞梅、曾茂镇都被列为第一代潮菜名厨。至于他们是不是第一代厨师，值得商榷的地方太多了，一切有待后人去论证。

　　许香桐先生是潮州市意溪镇橡埔村人，而蔡学诗先生则是潮州市意溪镇埔东村人，两人邻乡。他们早年都学得一身入厨技艺，之后携艺带技来汕头发展，因而被认定为汕头第一代潮菜名厨。

　　今天所说的埔东人蔡学诗师傅，据说做得一手好潮菜，并且在1922年永平酒楼落成后，带领埔东村人蔡清泉、蔡炳龙、蔡来泉、蔡桂泉、蔡利泉、蔡福强、蔡利饮等人入驻永平酒楼的厨房从事烹饪工作。后来，他的儿子蔡金意也入驻永平酒楼。

蔡金意师傅

当年永平酒楼的厨房内，几乎是埔东人的天下，所以有"埔东人到汕头永平酒楼必有饭吃"的传说。

今天的厨界，很少人认识潮菜名厨蔡学诗师傅，因为他离我们太远了……

与潮州人蔡庆辉师傅第二次见面时，他依旧是一副敦实憨厚、常带笑容的面孔，与上一次见面时没怎么变化。他带来了几张照片送给我看，是他父亲蔡金意的生活照片，问是否用得到。这真让我喜出望外啊，照片对我来说是极其珍贵的。

蔡金意先生，曾经在20世纪30年代前往大埔县乐群酒楼当学徒，随后跟其父亲蔡学诗在永平酒楼习厨当厨工，之后又在汕头永和酒楼服务过，又再辗转到永平酒楼任厨师。

蔡金意先生厨、点兼学于一身，并练就了一身本领。刀工案板、炒鼎炉台、操刀雕刻、米面包点样样精通。柯裕镇师傅曾经在我们面前夸及蔡金意先生，说他在潮菜的出品上品种繁多。天梯焖鹅掌、梅只焗鹅掌、焖神仙鱼翅、红烧三丝官燕、素珠蟹丸、玉枕白菜、佛手田鸡、素菜焖鸭、糯米酥鸡等品种都是他的拿手菜。

只可惜，如此有名气的潮菜大厨师，在中华人民共和国成立后竟然不见了踪影，许多人都不知他的去向。我们只是偶尔从柯裕镇师傅口中听到他在部队从事烹饪工作，但未能得到证实。

前些年，我们一群汕头的潮菜厨师怀着朝圣的心理走访潮州市意溪镇埔东厨师村，受到村领导的热烈欢迎。在村委会阅览室，我看到了墙壁上的蔡氏厨师的名录榜，其中就有蔡学诗、蔡金意父子的事迹。介绍中特别提到蔡金意先生曾服务于广州部队司令部小食堂。由此方知一代潮菜名厨蔡金意先生在中华人民共和国成立后的真实去向。

蔡金意先生有两个儿子跟随他学厨，蔡庆通师傅目前司厨于潮州市迎宾馆，蔡庆辉师傅现于汕头市福满楼酒楼司厨，在潮菜的烹饪技术上两人颇有其父之风格。

蔡庆辉跟我说，他19岁那一年，父亲蔡金意为了培养他，让他到汕头市潮丰酒家跟随自己学厨，就这样完成了他们父、子、孙三代人习厨烹厨的传承历程。（潮丰酒家当年隶属广州部队。）

蔡庆辉师傅说道，父亲蔡金意先生在中华人民共和国成立后跟许多人一样，追求进步，积极服务于社会，特别是在为部队服务时，受到部队首

蔡金意师傅

长赏识，把他调往广州部队司令部的小食堂烹煮潮菜。

厨师村有资料介绍，蔡金意先生在司令部小食堂中，把潮菜发扬光大。他非常注重沿海海鲜特点和田园风味的结合，把潮味烹得如是透彻。他在烹饪中，又非常注意潮菜的特色，在保持原汁原味的基础上，让菜肴清而不淡，鲜而不腥，嫩而不生，油而不腻，这就足以让潮菜飘香。

一些来往于广东的军中首长都尝到他烹饪的菜肴，对他赞不绝口。蔡庆辉师傅继续说道，父亲蔡金意先生为了照顾家庭，特地向上级要求转到地方部队服务。部队上级领导尊重他的意见，因而把他调到地方部队，在高干食堂中继续为首长服务。

记录城市历史的旧照片，记录个人的旧照片，反映了过去年代的真实面貌。然而过去的年代有它的特殊原因，能留下旧照片的并不多。它不像今天有先进的摄像器材，随时可以摄像拍照，因而更显旧照片的珍贵。我在寻找潮菜名家的烹饪轨迹时，如能得到多一些以前的旧照片，那将更完美。蔡庆辉师傅拿来的这几张珍贵的照片，顿时让我想起了与蔡金意先生见面的时光。

1985年的某一天，名师柯裕镇先生提议：我们去看看蔡金意先生吧。于是我和柯裕镇、魏志伟先生三人骑着单车前往当时的龙湖特区招待所。性格开朗的蔡金意先生，个头虽稍矮些，但拥有结实的体格和厚道的心胸，在一阵热情的招呼声中，一下子和我们拉近了距离。聊天中他谈及许多有关潮菜的往事。

他特别夸奖柯裕镇先生，说柯裕镇先生虽然身材矮小，但非常勤奋，多少弥补了身体瘦小的不足。他说道，学习做菜与其他行业都一样，是手工，是厨艺。灵气固然重要，但是他提醒做菜要多问几个为什么，才能在不断反思中记住更多的菜肴。最关键是要勤奋，勤能补拙嘛。如果一个人懒散了，不仅不讨人喜欢，技术上顶多也就学点皮毛。

他说柯裕镇先生是意溪镇埔东人的外甥，人勤手脚快，在永平酒楼学厨时就惹人喜欢，谁都愿意教他一手。这就难怪日后柯裕镇先生拥有一手烹制潮菜的好功夫。

蔡金意师傅秉承其父蔡学诗先生的厨艺技能，承继了潮菜的精粹，又把它传承给了儿子蔡庆通、蔡庆辉两人，延续了潮菜的生命，真是用心良苦。今天记录的关于蔡金意先生的故事不甚全面，因为怕被遗忘，所以草草录入。

曾家父子是大厨

　　如果有人喊出他们是饮食世家，你信吗？可能有很多人不信，但我信。

　　如果有人喊出他们是潮菜世家，你信吗？我可能不怎么相信，这毕竟是要懂得烹调的啊！

　　所谓"饮食世家"和"潮菜世家"是两个完全不同的标签。饮食世家中饮与食的概念都具有广泛性，难以概全。潮菜世家具有一定特有范围，它指向的是同一样行为而且有连续、延伸、衔接，范围也小，这好像连续剧一样。

　　曾经在汕头市鮀岛宾馆与我共事过的曾宪荣先生过来闲坐，一同品茶聊天。他说他的父亲在几年前的一次手术后走了，我们顿时默然无语片刻。哎！我内心想着，老厨师们都快要走完了，他们都是汕头潮菜的前辈啊！

　　有一个画面忽然从脑中闪出……

　　几十年了，每每想到这个画面，就算当年有很多不理解，如今都感觉很是亲切。

曾茂镇师傅

　　1973年上半年，我在汕头大厦2楼的厨房里，经常看到李树龙师傅私下悄悄与炒鼎手曾开深师傅交谈，吩咐着一些菜肴如何烹制，此画面一直留于脑中。

　　诸如炸云南鸭之类的菜肴，是要先炸后焖，焖的时间要注意先旺火后转慢火，理由有几点，需特别注意的地方在哪里，李树龙师傅都会细声地跟曾开深师傅说明，曾开深师傅唯唯诺诺应承。

　　我当时很不明白李树龙师傅这种交代工作的方法，每次都是单独、私密性很强一样。后来才明白这是他们在秘密传授某种烹调技术时的表现，他们的私交是很深的。后来有人说李树龙师傅曾经在曾茂镇先生手下工作过，或许他也曾经是曾茂镇先生的弟子。（此种关系已得到曾宪荣先生的证实。）

再后来也有人去印证这种技术相传关系，早期潮州人在汕头市从事潮菜烹调的传承体系，都是以族群和姻亲关系联结为主。

尽管当年我在汕头大厦工作只有几个月的时间，对曾开深师傅的认识和了解也只局限于那段时间，但从当年他的工作条件和认真学习的态度来看，他能被称为厨房高手是不足为奇的。

曾开深师傅是一个极少在公众场合露脸的人。与人打交道，与社会人打交道，对于他来说，是难上加难，故此社会上极少人认识他。曾开深师傅也是一个极度老实的人，也极少开口，虽然有点结巴，但他从不与人争辩和翻脸，他干自己的活，完了回家喝茶去。

查找相关资料，曾开深师傅是潮州市北关村人，身高1.7米左右，稍有点驼背，这可能是长期从事厨房炒鼎工作造成的吧。他应该先是1945年至1951年在汕头永平酒楼跟他父亲习厨，之后便在各地奔波，先在漳州市标准餐室司厨，后在龙溪专署食堂服务过，也曾经到过海军基地工作。他最终选择在汕头市立足，先在小公园饭店当厨工、中山饭店做点心师傅，1961年进入汕头大厦后，一直从事厨房工作，整个人生过程也很简单。

江湖上传说曾开深师傅学厨经历与他父亲曾茂镇先生有很大关系。抱着求证的目的，我询问曾宪荣先生"曾茂镇先生是你的爷爷吗"，遂得到了肯定的答复。

我试图了解曾茂镇先生对作为儿子的曾开深师傅的烹艺影响。只可惜，曾宪荣先生说他未见过爷爷，依稀只记得父亲说过爷爷曾茂镇的厨艺

曾开深师傅

功夫是比较好的，除了教父亲学中厨之外，还要求他学习中式点心。

故此曾开深师傅在后来和一些名厨及名厨之后来往甚密，其中包括蔡金意、李树龙、刘添、柯裕镇、李得文、黄临成等，这就足见其父曾茂镇先生生前对他的影响。

由此推算，曾茂镇先生应该与名厨许香桐先生、蔡学诗先生、吴口天先生、孙南海先生、郭瑞梅先生、蔡炳龙先生、蔡得发先生、张清泉先生等人都是汕头第一代潮菜烹饪行家。

这些人早年分别在汕头市永平酒楼、陶芳酒楼、中原酒楼、中央酒

汕头大厦

慶和成記　安平路一七二號●經理吳芳琛

興昌號　永和上橫街六號●經理余富慶

興豐號　永安街四十號●經理陳標鑑

錦興號　福平路四十六號●經理方旭堅

寶興祥　通津街四十九號●經理黃志豪

○酒樓業（茶室）

中央酒樓　安平路●經理李伯桓

永平酒樓　永平路十六號●經理曾雲生

安記　怡安街二八號●經理黃臚清

紅棉利記　怡安街二十號●經理李遠芝

海珍醉記　永和街二五號●經理張世賢

桂芳園　福平路一零二號●經理陳維懋

陶芳合記　萬安街四號●經理張　經

汕頭餐室　中正路●

梅州酒樓　至平路八十號●經理余炳昌

梅茜餐室　中正路二一六號●經理

乾芳園　昇平路五八號●經理劉嘉輝傑

谷記　昇平路六橫二號●經理陳松楠

瑞興　德興路五一號●經理胡谷初

英苑　永平路五一號●經理高英傑

品珍　永泰路七五號●經理林纘予

泰豐　安平路八二號●經理陳啓明

協盛　商平路一一一號●經理林冠潯

祥記　昇平路八四號●經理陳漢藩

集成　福平路一零八號●經理王懋寧

捷圓　永興五橫街四號●經理羅本國

瑞春　昇平路二二三號●經理廖振堅

燁春記　昇平路十號●經理李映

榮記　杉排路五三號●經理蔡若林

錦芳　至平路四六號●經理李松年

龍鳳　至平路四三號●經理王子皋

潮豐　永泰路一四六號●經理陳思安　陳書秀

成圓　舊公園前二七號●經理王岳麗

旧汕头埠酒楼业（《最新汕头一览》）

楼、皇后酒楼、永和饭店、乐乡饭店、美记饭店、协成饭店、随园餐室等服务过，这些酒楼食肆都曾留下过他们的身影。

据曾宪荣先生说，早年一些政要商贾都聘请过他爷爷曾茂镇先生去帮厨做菜，品尝过曾茂镇先生出品的菜肴，因此让他爷爷留下比较好的名声。

曾宪荣先生的爷爷曾茂镇先生走了几十年了，走时是63岁；父亲曾开深先生也在几年前走了，走时是86岁。他们两人都是先后的潮菜一代大厨，为潮菜在汕头的饮食文化传承作出了贡献。

印象中，曾开深师傅的儿子好像没有学习过厨艺。如若有，也是我离开鮀岛宾馆后的事。果真，曾宪荣说了，他父亲认为既然选择在饮食单位服务，学习厨艺比其他要有优势，于是便把他拉在身边，一边工作一边培养，让他承接了潮菜的大刀铁勺。

经过多年的努力，曾宪荣先生终于成就了自己的潮菜事业，成为一名合格的厨师，完成了"父仔公孙是潮菜世家"的愿望（曾宪荣先生原话）。

潮州人曾茂镇、曾开深、曾宪荣"父仔公孙"三人的潮菜烹饪生涯连续延伸，就有如电视连续剧延伸下去一样，这就是潮菜发展的魅力。

潮菜中的蔡氏三兄弟

　　如果要说潮汕地区各姓氏的人口，潮汕人都会顺口说上一句"陈、林、蔡，天下居一半"，也即是这3个姓氏的人口占了一半的意思。

　　这一句话如果用在其他地理区域上，不一定说得通；如果用在汕头市老永平酒楼的厨房上，则不得不信。过去很多手艺的传授方式都是依靠家族相传，或者族群内的传教方式，极少外传，故此一旦有活动便首先考虑他们的家人或者族群的人。永平酒楼在用人上就离不开这种家人或族群相传的规则。从招入意溪镇埔东人蔡学诗先生担任厨师的那一刻开始，大量蔡氏厨师依靠族姓的关系，陆续进入永平酒楼工作，久而久之，蔡姓人士就占据了永平酒楼的半壁江山。

　　介绍上一辈厨师人物，必须抓住他们的特点、人物性格或者烹饪手法，这样更容易入手。有一些厨师的特性明显，技术突出，比较容易带出而写。有一些人却是苦苦找不到可以切入的性格依据，难以下笔。反复思之，皆因我对他们不熟悉和不了解，这也难怪，毕竟是两代人的事。想写潮菜名师蔡森泉师傅他们兄弟3人就属于这种情况。我最后通过查阅历史资料，终于找到了蔡森泉师傅的相关资料，现先引用他的自述。

蔡森泉师傅

8岁时在家放牛，跟父母下田，13岁在小学读了二年书，到1920年来汕头联春酒楼当杂工，做到1923年楼外楼的工资较多，便转入楼外楼酒楼当杂工。1925年又转入擎天酒楼，擎天后来改名称为永平酒楼，我连续做下去，在永平酒楼做了10多年工，后来永平酒楼给日本人占用去，在1938年时候入新永平酒楼当厨手，到1945年新永平店址承赔，我就往百乐门酒楼做厨手，1946年百乐门被反动派军队封闭；我便入南和兴客栈做炊事，因为船只往来少，营业不振，我遂转入乐乡酒楼，来乐乡不久，营业冷淡，解了雇，向劳动局登记失业，到1950年由劳动局介绍入星群制药厂做炊事，1956年人事局调我去北京做菜给观光团吃，因为那里天气太冷，我住不惯，要求回来，到汕头后由饮食公司人事股调我入外马路公共食堂做厨师。

从自述文中能看到蔡森泉师傅工作路上的坎坷，也可以看出他烹调厨艺技术确实不错，能在那个年代被派往首都北京，为外宾观光团烹调宴席就说明了一切，至少在众人的眼中，他的潮菜技术能力一定是超群的。

1965年3月，蔡森泉师傅退休了，他应该是和蔡炳龙师傅、蔡大荟师傅、蔡清泉师傅同一时期退休的潮菜名厨。

蔡炳龙师傅在江湖上被称为"大肿"，蔡大荟师傅在江湖上被称为"大薯"，经常有人会混淆；汕头潮菜名师在饮食界上有两位叫"清泉"，一位是潮州意溪镇人蔡清泉，一位是达濠人张清泉。

蔡利泉师傅在兄弟3人中排名老二，性格上偏静并且稍有固执的怪癖，这可能与后来的工作和专业不相搭配有一定的关系，再加上身体相对虚弱，他在1978年提前申请退休。都说蔡利泉师傅来到汕头学习烹饪是其兄长蔡森泉师傅引荐的。他先是在汕头育善街的楼外楼酒楼当杂工，之后转入永平酒楼当杂工，再由家兄带往新永平酒楼当厨手。随着经验的积累，他与一些家乡厨手辗转去了兴宁月光酒楼、汕头国平路的桂芳酒楼。

1953年至1956年在汕头糖厂工作。1956年公私合营之后在中山公园茶室的小炒部当厨手，1964年被汕头市饮食服务公司调至中山饭店，一直至退休。

曾经在中山饭店工作过的师兄弟胡国文先生说过，在汕头市中山路公园头的中山饭店内，有一位师傅在煮鱼粥时，总是埋着头，一丝不苟地调上芹菜、南姜末、鱼露、味精，然后把鲜鱼片放入锅内，加上泡饭团，耐

蔡利泉师傅

心烹煮着，随后一碗热气腾腾、鲜味无比的鱼粥就会送到客人面前。胡国文先生告诉我，这位煮粥者便是潮菜名厨蔡利泉师傅。当然了，他煮的鱼粥要比其他人煮的好吃得多，毕竟是潮菜名厨出手。

我静静冥想着，厨师的工作环境随意变动与所处年代有关，大部分是人为因素造成的。但厨师为生活所迫，又不得不接受这种改变。这种现象我是相信的。

已经98岁的饮食老人陈锡章先生最近和我们回忆中山饭店的过去，提到过蔡利泉师傅在中山饭店煮鱼粥的经历，也说出了当年的诸多原因。一

意溪镇埔东村全貌（黄晓雄摄于2020年）

切都是因国家在经历一个政治、经济、文化的发展时期，个人利益必须服从国家发展的需要，因而改变工作环境也属正常。

最近在与其子蔡三元先生的一次交谈中，蔡三元先生也说出了当年一些鲜为人知的事，让我非常理解一个厨者的人生选择。蔡三元先生说，如果不是祖母年纪大了需要照顾，家父蔡利泉师傅很可能就跟随大伯蔡森泉师傅一同到北京人民大会堂参加烹制潮菜，工作环境就大不一样了。

20世纪70年代初我在标准餐室工作的时候，喜欢听标准餐室甜汤部收银员"大鱼伯"蔡彤先生"讲古"及提到一些餐饮人的创业事。

"大鱼伯"蔡彤先生曾经介绍过，中山饭店的蔡利泉师傅和在北京人民大会堂工作过的蔡森泉师傅是兄弟，都是潮菜名厨，其实他们还有一位弟弟，也是名厨，就是三弟蔡利钦师傅，三兄弟在汕头饮食江湖上被称为"蔡氏三杰"。

同样是意溪镇埔东人的"大鱼伯"蔡彤先生曾经是一家酒楼的楼面侍应者（服务生），他在叙述过去汕头酒楼的时候，见证了蔡氏三兄弟从厨

中山饭店旧址（黄晓雄摄于 2020 年）

杂、厨手到厨师的全过程。他说他们兄弟之间尽管年龄相差较大，但外号称"白菜佬"的蔡森泉师傅总是不忘提携兄弟，特别是三弟蔡利钦。

蔡利钦师傅最后退休是在侨联大厦，据曾经与他一同工作过的王伟钦先生回忆说，在大国营的年代，蔡利钦师傅曾在汕头礐石风景区桃园餐室工作过。几经周折，最后人事部门调他到中山公园茶室、侨联大厦，服务东南亚等国的华侨及港澳同胞的饮食起居。

论蔡利钦师傅的厨艺功夫，王伟钦先生认为应首推其刀工。他说蔡利钦师傅善于大刀切配、小刀雕刻，都非常精细了得。特别是在果蔬雕刻这一方面，非常认真。能做到雕花似花、雕鸟像鸟，把潮州的木雕工艺运用到潮菜的烹艺上，这在潮州师傅中是少有的。而且技术水平之高让许多人跟不上，至少当时的为厨者是这样认为。

蔡三元先生在回忆叔父蔡利钦时说道，印象中蔡利钦在20世纪30年代中期到广州参与朱彪初师傅筹建的华侨大厦潮菜班，至60年代末回汕头礐石桃园餐室（后改为飘然亭餐室）工作，80年代后才调至侨联大厦。

从上面的工作关系来看，在广州华侨大厦，他应该与朱彪初师傅有过一段交集，因为蔡利钦师傅的雕花手艺与当年的朱彪初师傅的雕花手艺是何等相似。尽管蔡利钦师傅与汕头市饮食服务公司划挂不上关系，礐石桃园餐室和中山公园茶室划归园林处，与饮食公司不相隶属，但潮菜总能不受时、地限制而自觉维系，就是如此美妙。蔡利钦师傅也是名厨，他是"蔡氏三杰"之一，历史上将会留下他的名字。

在与"蔡氏三杰"的后代蔡三元师傅交谈中，我能体会到"蔡氏三杰"的精彩人生。他说道，大伯蔡森泉的厨技是绝对不能怀疑的，尽管朦朦胧胧的印象都是来自父亲蔡利泉的叙说。他说，大伯蔡森泉离开他们比较早，他出色的厨艺一定会在天堂重新出现，一定会烹出潮菜佳肴，让天国的商贾政客品味，继而扬播潮味。

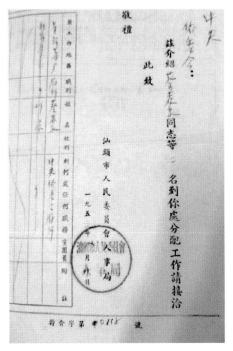

蔡森泉师傅的调令

一切都过去了，写故事就是要写过去的人才觉得有故事，不管潮菜历史如何翻天又覆地，能了结心事一桩也是快事。

有道是：

昔日水泊阮氏三雄戏水，皆因世道上有不平之事。

今有厨门蔡氏三杰弄刀，原是人间上有美食之人。

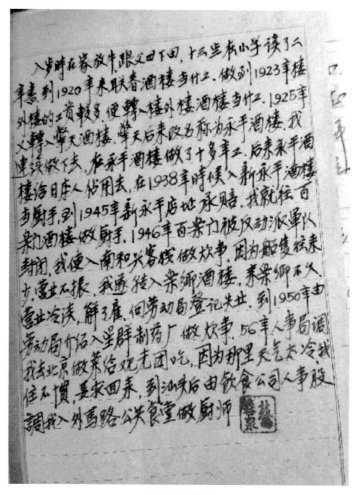

蔡森泉师傅自述

七十年如一日的厨师张清泉

　　他是一位退休了的长者，已经满头的银发，国字脸上，眉宇间紧锁着，呈现出一副坚定不移的气质。

　　他年轻的时候一定长得很好看，挺酷帅的。我们当年在标准餐室工作见到他的时候，私底下议论，都这么认为。

　　他身材不是特别威猛高大，此时走路已是步履蹒跚，但仍然不失他年轻时灵气英俊的影子。

　　他一踏进标准餐室的大门，大家都会喊他一声"清泉伯"。

　　当年张清泉师傅和蔡炳龙师傅经常到标准餐室去闲逛，看望罗荣元师傅和方展升师傅等一些老同事。我们刚好在标准餐室学厨，所以我们也就跟标准人一样，叫他清泉伯。

　　清泉伯，厨界尊位极高的一位长者，如今你去询问年轻一代，可能很多人都会说不认识，毕竟他离这个年代太久了。

　　在汕头市烹制潮菜的历史上，名字叫清泉的潮菜师傅就有两人，一位是潮州市意溪镇埔东村的蔡清泉师傅，另一位就是达濠人张清泉师傅。

　　潮州人蔡清泉师傅，与一班家乡人驻守着永平酒楼，把潮菜烹得响彻

张清泉师傅

云天，为潮菜在汕头发扬光大立下了赫赫功劳。

然而，成就潮菜天下，不能单说这是潮州人之功劳，里面还有大量的潮汕各县城的师傅共同努力，1899年出生的张清泉师傅，就是其中之一。

张清泉师傅，出身原潮阳县达濠镇青林乡，自幼天资聪明，特别好学，对厨艺有特殊的敏学天赋。他从1916年就开始在汕头各地从事饮食工作，先后在市区内多家食肆当厨工、厨师，一直至退休。

在70年的厨艺生涯中，他先后在汕头市康岳饭店、汕头市礼记茶楼当过厨杂工，学习厨艺。学厨后又在汕头市永平明芳酒楼、汕头市安记桃园饭店、汕头市安记成顺园饭店、梅县清耀园、汕头市青年餐室等地当厨师。尽管变换过多家酒楼食肆，但始终如一的是厨师身份。

时代更迭，在短暂的失业后，1952年后他继续从事厨师职业，不管是在餐饮业，还是到其他单位，甚至到部队，他都离不开厨房的工作。

1974年，地区饮食服务总公司为了让全汕头地区的从厨者能够系统学习到潮菜烹饪技术，特地举办了厨师进修班，并把当时已经退休多年的张清泉师傅请来坐镇，教授潮菜厨艺。

由于名额的限制，我无缘于当年荣隆街荣隆旅社的厨师进修班，也无缘于与张清泉结为师徒关系，无法承学他的厨艺。

想记录他的厨艺一生，我就得寻找一些知情人，据当年接受过张清泉师傅传授的师兄弟林桂来先生、陈木水先生、蔡培龙先生的回忆，张清泉师傅作为最年长的授课师傅，主要是从理论上帮助大家认识潮菜一些菜肴的存在，可见当年张清泉师傅对潮菜理论的掌握程度。

罗荣元师傅当年曾经和张清泉师傅一起参与进修班授课，他对张清泉师傅有高度评价，说他的刀工特别精细，切配上灵活，刀口下食材整齐划一，切成的件、块、条样样如一，特别是在处理菜肴的加料加味上，不落俗套。

罗荣元师傅说道，张清泉师傅是达濠人，达濠又是海边乡镇，有大量海鲜，他对用海鲜烹制菜肴的过程有自己的理解，在烹饪个别海鲜菜肴上更是有独到之处。尤其是海膏蟹，在处理生蒸的时候，除了切块摆盘之外，他更喜欢加入花椒粒和姜葱，然后用一张猪网油盖上去，蒸熟才揭去。他说，海膏蟹香气足，但是非常涩口，盖上猪网油能锁住味道不失，同时让肥猪油滴入膏蟹肉中，让它增加海膏蟹的滑嘴，达到香滑一致。

罗荣元师傅又说，张清泉师傅在炊其他海蟹的时候，又会用盖料炊的办法，用另一款料头盖上。特别是用香菇粒、白肉粒、辣椒粒、姜米粒、葱花粒等五柳之料组成，然后调上味精、精盐、鱼露、猪油和湿粉水，搅拌均匀后盖上，达到好味又好看的效果，增加海蟹作为菜肴出品的浓烈气氛。

　　张清泉师傅在加工清汤鱼册上，能用一把大刀，在砧板上从鱼身起骨

达濠古城（黄晓雄摄于 2020 年）

到刮起鱼肉，然后剁成鱼茸，再用刀平拍起胶，刀面轻拉压平，再轻刀收成皱面纱布一样。同时又横放上香菇条、白肉条、红辣椒条及芹菜条，用手指轻轻卷起来，一卷完美的鱼册便做好了，而这一切都是在一块砧板上完成的。

从以上烹调环节便可见张清泉师傅的技术熟练程度和对待每个环节的细心。早年曾经拜在张清泉师傅麾下的方展升师傅也有这样的评价：

他善于敬仰上司，和睦同僚，体谅下属，在一群师傅中谁都合得来。

他人品正且清高，技艺精湛，工作细心，在餐饮界上享有较高地位。

为整理过去老厨师们的人生轨迹，我忽然发觉张清泉师傅在那个年代地位一定很高，首先表现在他极高的工资待遇。

当我们领到20.5元的工资时，望着李锦孝师傅、罗荣元师傅领着65.5元的工资，就觉得差别太大了；了解到刘添师傅和李树龙师傅的工资是73.5元时，更觉得不可思议了；而了解到当年张清泉师傅的工资是82.5元时，我顿时惊呆了。

静思后立马明白，当年张清泉师傅能拥有此等高工资，足见他当年的饮食江湖地位。在国营年代，工资待遇的高低意味着你的地位和技术表现，这绝对不是能够弄虚作假，或者耍手段便能得来的。

另一个方面，当年很多在职的国营职工、干部都是到了60岁便可退休，而张清泉师傅一直干到70岁才得以退休，这一点也非比寻常。

虽然今天所述的张清泉师傅的故事都是片面的，但从他每一点小故事中也能更清楚认识到他积极、高尚的一面，单就这一点，就足够让我们抬头仰望。

"大肿"蔡炳龙

汕头埠的饮食江湖上有两个传说，一直流传很久，今天的大部分人可能不知道。

一是潮菜烹调名家蔡炳龙师傅的拳头（拳术）过硬，曾经为某件事，一人敌过10人之多；一是他的炒鼎功夫过硬，除了菜炒得好之外，他所操持的铁鼎都要比别人的重一倍。是否真的呢？此种疑惑，留于我心中已有几十年了，并未有机会去解开。

前些年去拜访一位饮食老人，中山饭店元老级人物陈锡章先生。在闲谈过去的一些名厨的时候，98岁的陈锡章先生清楚地记得蔡炳龙师傅是一位懂得拳术的潮菜师傅，江湖上称他为"大肿"，并且说他确实有以一敌十的能力；至于炒鼎的重量超倍，作为一个练武者就不足为奇了。

也有很多人说，潮菜烹调师李鉴欣师傅，也是一个练拳术的人，他炒菜的铁鼎也要比别人的重一倍以上，且李鉴欣师傅的个头要比蔡炳龙师傅大一些。

"大肿"的意思是大块头，虽然蔡炳龙师傅的个头不是特别大，却能被称为"大肿"，足见他能以一敌十的力量，能让你另眼相看。

蔡炳龙师傅

古人云：凡是练武之人，其气在丹田，其力在体内，丹田随脑行，即用力如神。

于是乎！蔡炳龙师傅的炒鼎比他人重，也属正常。

蔡炳龙师傅的技术过硬，谁都不敢怀疑。他是1894年出生的人，10多岁时从潮州来汕头市，先是在聚芳酒楼当厨杂工，聪明的他马上就学会了基本操作，后因工资低廉而选择跳槽，这情况非常符合餐饮业的人事变动情况。

随后他去了怡安街的联春酒楼当厨师，又频频变换着酒楼食肆。这其

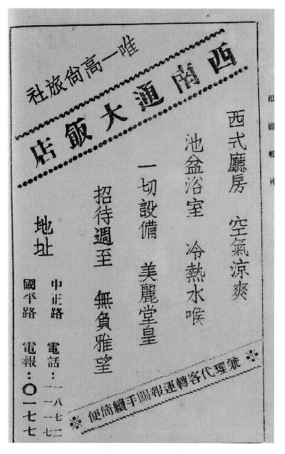

西南通大饭店报纸广告（摘自《汕头指南》）

中有汕头市的楼外楼酒楼、中原酒楼、陶芳酒楼、中央酒楼、明芳酒楼、百乐门酒楼、风记酒楼、爱尔康酒楼、瑞园酒楼。酒楼食肆的当家人为了争取到他，而相互加薪竞聘。

时代更迭后，他又到过群众饭店、永和饭店等，然而这些酒楼因环境变化，生意一般，不得不歇业。最后他在1958年被饮食服务公司调去标准餐室，非常稳定地一直干到退休。

饮食江湖上，大家对他一直在变换酒楼，是有不同的传闻和看法的。

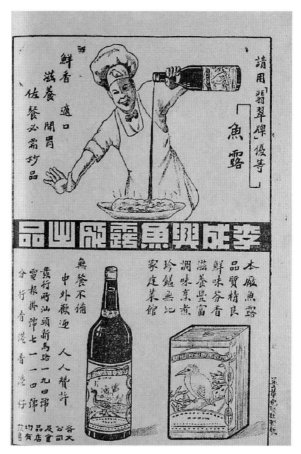

老报纸上的鱼露广告（摘自《汕头指南》）

时代更迭前，他的技术虽然很到位，但每到一家酒楼食肆工作，那家酒楼食肆就会莫名其妙出现生意平平或者略亏损的现象，故此有人戏称他是一个"我倒铺"的人。（"我倒铺"，潮汕话指"某些人一到，铺即关闭"的意思。）

直到公私合营后，蔡炳龙师傅才在国营的饮食单位中稳定地发挥他的烹调技术，受到上级和同行师傅的重视和好评。

罗荣元师傅曾经对"我倒铺"这种说法有过客观的理解。他说道，生意人的发财命运是交在他自己身上的，能否发财要看时运和个人的经营方式是否得当。一个好的厨师只能是帮酒楼食肆做好菜肴出品，让客人吃得满意。厨师的能力不可能大到能决定酒楼食肆的发财，如果有此能力，他为何不借点钱财，自己开酒楼食肆呢？

这是一个共通的道理。

我们一班学厨的师兄弟都见过蔡炳龙师傅，他经常和张清泉师傅结伴到标准餐室，除了探访一些老同事之外，更重要的是他和标准餐室有感情。他觉得这家普通的小店能让他稳定地工作了七八年的时间，免掉了很多人对他过往工作的许多猜想，故此他对标准餐室特别留恋。

对于蔡炳龙师傅的一切，罗荣元师傅是最有发言权的。而我们这群人只是旁观者，并不了解。罗荣元师傅说蔡炳龙师傅是潮州意溪长和人，与埔东蔡氏无交集，只是很多时候大家误认为他是埔东人而已。至于蔡炳龙师傅的厨艺技术，罗荣元师傅是这样评价的：

若论操刀——切肉肉薄如纸。

若论握鼎——翻炒必有鼎气。

若论焖炖——收汤汁味浓香。

近期写完张清泉师傅的故事，发现了其中一些不寻常的细节，比如工资待遇，张清泉师傅的工资是每月82.5元，这在当年的厨界属于最高工资待遇了。今天在查找蔡炳龙师傅的相关资料时，发现他的工资待遇也是82.5元，这更证明了蔡炳龙师傅当年的技术地位。

蔡炳龙师傅最终在标准餐室退休，退休时间是1965年，当时已经67岁了。

编写先厨事迹的目的便是留住影子，写得不好，勿怪！我已尽力了。

埔东村人蔡得发

年代的烙印未给你留下许多故事，而是与你擦肩而过，只因你未曾在意或了解。

一直无法落笔去记录大厨师蔡得发师傅的故事，皆因对他老人家未曾留意和了解过。当得知蔡得发师傅曾经在1970年4月被评为"汕头市第二届活学活用毛泽东思想先进积极分子"时，我顿时肃然起敬，并由此浮想联翩……

20世纪60至70年代，轰轰烈烈的"文化大革命"席卷全国，许多行业处于停滞与半停滞的状态，饮食行业同样不可避免地受到影响。蔡得发师傅能在这种环境下取得革命生产、工作学习双进步，实属难能可贵。

在潮州市意溪镇埔东村了解蔡氏厨师的一些情况时，村支部书记告诉我们，早期他们家乡流传过这样一句话：只要是埔东村的家乡人到老汕头市区去，到永平酒楼去，就一定不会饿着，一定有饭吃。

永平酒楼并不是埔东村人创办的，但是酒楼的厨师基本上都是埔东村人，而主要厨师都是蔡氏家族的。家乡人照顾家乡人嘛，这绝对是潮州人族群里的规矩。

蔡得发师傅

　　早年在老汕头当厨师的大部分都是潮州人，特别是埔东村蔡氏人士。蔡得发师傅是埔东村人，他跟许多潮州人一样来到汕头，分布在中央酒楼、陶芳酒楼、中原酒楼、永平酒楼、皇后酒楼、永芳酒楼、随园酒家、楼外楼乃至大大小小的食肆，诸如安记饭店、乐乡饭店中。所以，那个时代的潮州人有理由说出这么一句话。

　　查找相关资料，在20世纪20年代初，蔡得发师傅就到汕头市打工。先后在联升园、醉月楼、楼外楼、随园酒家、中央酒楼、永平酒楼等食肆学厨杂，勤学苦练，很快就掌握了潮菜的烹饪技术。虽多次往返家乡，最终还是选择在汕头从事饮食行业。

1950年，蔡得发师傅与一群厨师、点心师、楼面经理和买手等组成了标准餐室。他们是以张上珍为首，有陈荣枝、胡烈茂、童华民、蔡福强、陈文光、杨壁明等。蔡得发师傅是小股东之一，他与蔡福强兼做厨房出品。1958年公私合营后，蔡得发师傅被调至外马公共食堂（人民饭店），主管厨房的出品。

在特定年代的经济环境影响下，烹制酒席上的名菜佳肴越来越少，甚至是零。作为潮菜烹饪高手的蔡得发师傅，虽然拥有高超技术也难以发挥，但他非常理解年代的环境。认真做好本职工作，用他的技术烹制出好的大众饭菜，特别是做好"瓜菜替"，让广大群众来到外马公共食堂品尝到不一样的饭菜，受到社会的广泛赞扬。

1970年，蔡得发师傅退休了，在退休前还被评为"汕头市第二届活学活用毛泽东思想积极分子"，让很多人刮目相看。我终于理解了，工作努力和行为守正，换来的回报是正面的。他一直退而不休，在外马公共食堂里还能经常见到他的身影，见到他在指导年轻一代学习潮菜的烹调技术。

1974年，汕头地区饮食服务总公司在汕头市荣隆街的荣隆旅社举办了各县市短期厨师进修班，罗荣元师傅作为主讲老师；同时聘请了张清泉、郭瑞梅、郑瑞荣、蔡得发等几位退休了的老厨师，作为进修班的烹饪老师。蔡得发师傅当年能作为烹饪的辅导老师，说明当年他是一个厨艺技术真正过硬的人。

在外马公共食堂实习时，我曾经几次见过蔡得发师傅。他满头银发，说话轻声细语，集中国式典范的温、良、恭、谦、让于一身，总觉得他更像是个儒者。

"一蟾蜍、二蛾猫、水鸡三、蛤蟆四、肥老五、瘦猴六、矮咀七、滴

1950 年的外马路

20 世纪 50 年代的民族路

丢八、啪哺九、十柴头。"这是少年时经常听到的流行语，是一些人的花名，大家觉得这些流行语有趣，便把它编成顺口溜叫着，觉得很好玩。

稍年长了，喜欢看小说《水浒传》，书里面的人物都有花名，如及时雨宋江、智多星吴用、黑旋风李逵、豹子头林冲、鼓上蚤时迁、浪里白条张顺、神行太保戴宗，我觉得很有趣味，便一直记住。

参加工作后，我才知道饮食江湖上也有很多花名，便觉得这应该是中国人特有的爱好吧。鱼丸八、粽球七、脚鱼蔡、鳝鱼五和炒粿老徐、鱼生刀老方，这些熟悉的形容套在饮食人名上，一经了解，才知道是方便于称谓。

嘻！人嘛，叫花名更顺口。

蔡得发师傅也有花名，叫"锅仔伯"。据说蔡得发师傅厨艺出色，尤其使用一只锅仔煮馔，技术炉火纯青，出品到位，因而被人记住了。这就好像潮州归湖人李树龙师傅善用钵仔去炖汤菜一样，被人叫"炖钵"。方展升师傅善用快刀，因而人们称为"鱼生刀老方"；李得文师傅切配上似花非花，因而人称"玉兰花刀手"。这些称谓既是某些厨师的别号花名，同时也反映他们的技术特点。

"锅仔伯"后来被改叫"锅伯"，这可能是渐渐老了，人们在呼叫时觉得有个"仔"字好像对他老人家不尊重，干脆把"仔"字去掉。

潮州古城山清水秀，有得天独厚的优越自然环境，沐浴着和风暖日，因而用"人灵地杰"来形容，绝不为过。生长在韩江边的潮州市意溪镇埔东村人蔡得发师傅一生是幸福的，晚年选择在家乡度过，过着悠闲的生活。

在市饮食服务公司，老职工王广河先生对我说，市饮食服务公司每年都会派人到蔡得发师傅家乡去慰问，直到老人家去世。汕头市有一家报纸还专门登过蔡得发师傅的饮食故事。老人家终年98岁。

『潮州菜大师』朱彪初

20世纪80年代初，《羊城晚报》资深记者钟征祥先生在《食在广州》一书中，对朱彪初师傅有过这样的评价："戴一副眼镜，像学者型，身材高大，携大刀刻笋花，一口气雕刻出神态各异的二十几种笋花图案来，形似神似，花刀技术惊动天下烹者。"

这种形容应该是对潮州菜名家朱彪初师傅厨艺的最高评价。我在寻找过往烹制潮菜的名师名厨过程中，又想起了朱彪初师傅，感觉一个既熟悉又陌生的身影重现在眼前，让我不得不重新调整思路来认识他。

我认为应从厨界烹艺的角度来重新记录朱彪初师傅的故事，更应该重点展现朱彪初师傅的厨艺精神，让人们知道他是如何利用自己的大师地位去宣扬潮菜的。

我是认识朱彪初师傅的，和他也有过几次交谈，觉得他身上有几个亮点。

亮点一是技精在于勤学。

大潮汕地区，代表潮汕文化的有潮汕语言体系、潮菜体系、工夫茶体系等。人们更多关注的是这些文化在本土的表现，离开本土的潮汕文化的具体表现是比较少人关注的。而对外弘扬潮汕文化的，却是一大批在外拼搏奋斗的潮汕人，朱彪初师傅就是一个杰出的代表。

朱彪初师傅，潮州古巷人，早年随兄长朱光耀来汕头市，在海云天菜馆打杂，后在南生公司6楼的中央酒楼学厨杂。由于天资聪明，勤学苦练，得到大师傅周木青赏识，收为徒弟。

临汕头解放时，汕头各酒楼因为生意下滑而歇业，朱彪初师傅与周木青师傅等人前往梅县谋生，先在光华楼服务过，后来觉得地方太小，影响他们技术的发挥，朱彪初师傅便和他的兄长辗转到广州。

我有很长时间想不通他们前往梅县谋生的原因。

因社会动荡原因，大部分潮菜厨师选择跟富商人家离开，大部分往大城市去，如香港、广州、上海或东南亚一带。但朱彪初师傅他们则选择前往山区县梅州，我认为应该与他们服务于原汕头中央酒楼有关。

汕头市南生公司中央酒楼的老板是客家人，姓李名柏桓。当生意因局势不稳定而受到影响时，他选择回家乡梅县，朱彪初师傅他们跟随李姓老板前往梅县谋生，也属情理之中（本人主观判断）。

有城里从业经历的烹者，如果寻求发展，往另一个大城市谋职更合适，而前往山区偏僻的地方，就有点难为了。小地方让他们没有施展的空间，难以立足也属正常。可能当时就是因为在梅县难以立足，朱彪初师傅他们后来才辗转到广州。

亮点二是让潮菜扬名天下。

据朱彪初师傅自己说，刚开始去广州，选择在沿江路一条横穿巷头摆摊，取名为"朱明记"。生意不错是得益于很多潮汕家乡人的帮衬，大家来往省城时经常在他的摊位尝鲜，寻一口家乡味道。由于烹艺不错，很快名扬羊城。

左二为朱彪初师傅

时任省侨联主席的蚁美厚先生得知在广州有一位潮州菜烹手功夫了得，便经常聘请到家中为自己烹煮，宴请一些商贾和政要，此烹手便是朱彪初师傅。

1957年是朱彪初师傅人生转折的一个关键年份，他受命在华侨大厦成立潮州菜部。这是潮菜走出去后，从散兵游勇的摊档式到正式立足于大城市酒楼食肆的关键一步。他跟我们说到这段历史时，难掩骄傲之情。

1957年，中国成立了广州出口商品交易会，来参加交易会的客商中大多是中国香港、澳门的同胞和东南亚国家的侨商，而这些侨商和同胞中有一部分为潮籍乡亲，他们来到广州后找不到可以品尝潮菜的酒楼食肆，意见纷纷，这让接待单位有点难堪。

情况很快让上级知道，当年在周恩来总理的直接关心下，华侨大厦很快成立了潮州菜部。这样朱彪初师傅和他的兄长朱光耀师傅、蔡福强师傅及高徒陈俊英先生就在华侨大厦立足了。

多年后再回顾这段历史时他老人家还是兴奋无比，因为在此后一段时期内，朱彪初师傅拥有很多的荣誉和光环，在广州他多次为毛泽东、周恩来、贺龙等领袖单独烹制潮菜佳肴，让很多党和国家领导人品味到正宗的潮州菜。

在那个年代，如日中天的朱彪初师傅的烹艺有何超突表现呢？

当年朱光市长执政广州市，大兴饮食理念，倡导"食在广州"的口号，这让很多厨师有了施展的空间。广州市饮食业界曾经组织评选以鸡为食材烹制的十佳菜肴，在这十大名鸡菜肴中，潮菜居然有两款美味入围。一款是由蔡福强师傅在南园酒家主持出品的，为久负盛名的豆酱焗鸡；另一款就是朱彪初师傅在华侨大厦主持的美味熏香鸡。

美味熏香鸡，选择优质稚鸡，先腌制后直接蒸熟，当然也可用浸卤式把鸡先浸熟，然后利用烧、烤、焗等原理，用熏的烹调法完成出品。

其过程采用架空手段，将调味食材如桂皮、川椒、茶叶、甘草、花椒等通过温度产生气体，达到自然熏陶的条件，让熏香气味分子游离而透入到稚鸡的身上，产生另一种咖啡味道，品尝时再调配上川椒油，让食者感叹其味道有如勾魂一样。

我在窥视朱彪初师傅的厨艺生涯时，单这一款美味熏香鸡就让我倾倒，深深佩服大师的魅力。

亮点三是为传承潮菜之榜样。

1980年，上级决定恢复考级制，汕头市还没有一级厨师和特级厨师，而一级厨师和特级厨师的资格考核都要到省里参加考核评定。

朱彪初师傅这时候在广州已经是潮菜烹艺技能的特级大师，具有监考和评定资格。为了让汕头市来广州考试的师傅们能够顺利通过，朱彪初师

左二为朱彪初师傅，中间为陈子欣老师，右二为罗荣元师傅

傅帮助他们克服语言上的障碍和文化上的欠缺，为他们做足功课，使他们顺利取得职称，为潮菜在广州的进一步影响作出贡献。朱彪初师傅的名字逐渐走到众厨者的眼前，让很多人肃然起敬。

随着交通越发便利，他往返潮汕各地的次数增多了，因而有很多后学者也能近距离与他接触，领略他的烹艺风采。

1983年4月，我的师傅罗荣元先生和朱彪初师傅来到鮀岛宾馆，我得以认识朱彪初师傅。潮菜学厨者面对同行前辈师傅的到来，真是有点喜出望外。此后多次接触，从言谈中，我深刻体会到朱彪初师傅为人谦逊，文化涵养深厚。他轻声细语，耐心细致与你交谈时让你惊叹身材魁梧的人竟然如此可爱。

我虽然未曾与朱彪初师傅共事过，但从他出版的潮州菜谱中，窥探到了他的烹艺气场。从美味熏香鸡、干炸虾枣、干炸大肠、巧烧雁鹅、七星冬瓜盅、红烧大白菜到鸳鸯龙凤鸡、水晶菊花鸡，在描述这些菜肴时，他详细介绍了烹制原材料和操作程序，尽心尽力而为之。

我曾与朱彪初师傅和罗荣元师傅到揭阳市拜访林传裕先生。一路上他侃侃而谈，在分析潮州菜肴红烧大白菜时，他说道，红烧大白菜是一个"既素不素"和"既荤不荤"的菜肴，要做到让品尝者能够看之无肉却能品出肉味的效果。

他说道：烹制此菜肴，必须用盖肉料的手法让文火慢慢煨入味，达到肉汁被白菜吸入的效果，再弃去肉料。

真是用心良苦，厨艺精湛。

为了寻找潮菜之根源，我多次前往潮州市，目的是印证某些历史事实。潮菜能发展到今天的局面，与很多人的努力分不开。我们不能忘记过去老一辈潮菜师傅的坚守与传承，这也是我再次把朱彪初师傅推到大家面前的原因，请后学者记住他，记住他们。

「炖钵」师傅李树龙

久别重逢，这次与李桂华师傅相见，品茗畅谈，当年厨帮江湖的传说得到相互印证，解开了我心中的疑惑。

1980年底，饮食服务总公司宣布获得二级厨师、三级厨师者名字时，青年厨手李桂华先生赫然上榜，让很多同行饮食人刮目相看。有不明者问道：他是谁？何以能在高手如林的饮食江湖中如一匹黑马脱颖而出？

一时间江湖热议。

事后听说饮食服务总公司有一位领导代表公司出来解释。

1980年10月，唯一获得特级厨师称号的李树龙师傅走了，告别了他热爱的厨艺行业。这在当时无疑是汕头市饮食行业，特别是潮菜厨界的一个损失。他刚刚获得的"特级厨师"称号不止是他个人的荣誉，更是汕头市饮食服务公司的荣誉。他的突然离去，让业界无不扼腕叹息！

当时江湖传闻，饮食服务公司抱着关心与照顾的目的，让出一个三级厨师的名额给他的儿子李桂华先生，希望他能继承父亲的衣钵，接过厨房的刀勺，把厨艺传承下去。当年，大家都以为李桂华之所以能考过三级是饮食服务公司领导的照顾，很多人佩服领导的用心良苦。

这次与李桂华聊起，才明白传说不尽然。原来早在1976年，李桂华便到汕头大厦当自费学徒，从打杂做起。其间，虽有父亲李树龙的点拨，但其中艰辛不言自明。1980年初转为师带徒的方式就业，相同方式的还有蔡振荣、张绍平和蔡孝文。1980年同批考级的大概有30多人，通过的除了李桂华，还有钟成泉、陈汉华及魏志伟。

至此，我终于明白，李桂华通过三级资格考试虽有其父亲的影响，但也离不开自身的努力。不可否认的是，李桂华身上刻苦耐劳、善于钻研的精神有着李树龙师傅重重的烙印！

在过去的年代，中国人几乎每个人都有一个花名或别名，就像《水浒传》梁山泊中的人物，他们的花名和为人个性、武功联系在一起，如"智多星"吴用，"鼓上蚤"时迁，诸多花名让人过耳不忘。

潮汕的饮食界人士也学着取花名的方法，只是花名特别有意思，喜欢按照食物或用品来称呼，比如"粕弟、水鸡兄、脚鱼老王、鱼生老方、膏蟹生、田螺弟、砧头蔡"等等。

原永平酒楼、中央酒楼等一批厨师都有花名，蔡得发师傅被叫"锅伯"，蔡森泉师傅被叫"白菜佬"，而李树龙师傅则被称呼为"炖钵"。

李树龙师傅之所以被称为"炖钵"，我想应该是他在厨房的操作上，善用钵仔烹饪，而且手法老到，炖得很出色，让大家折服，因而大家把"炖钵"的名字冠于他。至于李树龙师傅用钵仔炖出什么好味道来，众说纷纭。

有的说是花胶炖鸡、柠檬炖鸭、猪脚炖薏米，有的说是明炖鱼翅、砂锅炖鲍鱼，更有的说是慢火炖大响螺，如今谁都说不清楚了。但我认为明火慢炖大响螺更为可信，原因是我在鮀岛宾馆工作时，大厨师柯裕镇师傅就喜欢用大响螺加上老鸡、排骨、火腿等去煨炖。他也曾说过李树龙师傅

李树龙师傅

特别善于用慢火去炖各类食材，特别是慢火炖大海螺，其火候控制、味道调入都恰到好处，"炖钵"也因此而得名。饮食同行，上一辈师傅对他就这么叫的，当然里面包含着尊称的意思。

李树龙师傅的厨艺功夫，远远不止于此。他的刀工、他的鼎功和他对菜肴的全面判断，都相当了得。资料上说李树龙师傅是一个比较系统地掌握潮菜烹调技术的人，从水台到荷台，从刀砧到炒鼎，都能显出其功夫的高超。

李树龙师傅在1964年被派往广州南园酒家与蔡福强师傅共同创办的潮

州菜部时，就把潮菜精髓发扬光大，烹制出来的豆酱焗鸡、北菇鹅掌、素珠蟹丸等都很出色，得到当年广州市一级领导及参加交易会的港澳同胞们一致赞赏。

每个人都有自己的个性，李树龙师傅也是一样，他虽然不苟言笑，却有性情独特的另一面。他爱好养沙曼鱼（叉尾斗鱼）来欣赏，时常以观看沙曼鱼咬斗过程为乐。很多饮食同行的师傅都记得他去广州南园酒家支援的时候，除了工作之外，最大的爱好就是玩弄沙曼鱼，他会静静一个人坐在沙曼鱼瓶旁边，观赏沙曼鱼在水中戏玩。他会去找小蚊虫来喂养沙曼鱼，有时候还把沙曼鱼瓶抱到厨房，放在砧板上，让师傅们围观看沙曼鱼咬斗。

趁此机会说一说潮汕人养沙曼鱼的一些小常识。沙曼鱼，学名叉尾斗鱼，在潮汕地区曾经是一种民间的玩物。这种鱼生长于稻田间的沟渠中，虽然细小，但野性十足，因而常常被人们捕捉后养在家中观赏，并培养它好斗的野性。潮汕人在家养沙曼鱼有两个方面要注意，一是用四方的玻璃瓶来养，把沙曼鱼养在瓶内，像糖果店的四方玻璃瓶一样，养的时候要用纸片把瓶隔开，这样它们才更有独立性。二是用小水缸放在暗处静养，理由是要让沙曼鱼有一个静养的环境，这过程是要恢复它的精神体力。沙曼鱼体形扁，鱼身修长，身上有隔断的斑纹路，红青色相间着，游水时鱼尾飘摆摇曳，角斗时鱼尾的张力特别强，一旦咬嘴成功，鱼尾会时不时用力张开角力，被击败的沙曼鱼马上变色，四处逃窜狼狈不堪。

综观上述，我们又能从侧面了解到李树龙师傅的独我个性。

1978年，在大华饭店的两次技术表演中，李树龙师傅的"生炊大蟹钳"和"三丝酿蟹钳"让在场的人士赞叹，一致认为李树龙师傅有足够的功底和丰富的经验，才会两次让蟹钳出现在技术表演中。

李树龙师傅在汕头大厦工作

　　事后大家分析，解读出不同时段的肉蟹的蟹钳有着不同的身段、肉质。当季时，肉蟹身段饱满，肉蟹钳也就肉质饱满均匀，出品时无需借用其他食材来衬托，只需取出大蟹钳，用刀轻轻一击，然后姜葱盖面，入蒸笼炊即可。过了季节则肉蟹大小不均，肉身较松，取蟹钳难以均匀，通过剥去外壳，借用虾胶来补蘸，弥补了不足，达到均匀目的。盖上三丝后入笼炊熟，上席时滴上鸡油，这又是另一番别致佳肴。这就说明了李树龙师傅对食材的理解深刻。

李树龙师傅正在进行技术表演

由于李树龙师傅出色的潮菜功夫，因而有很多人都想探寻李树龙师傅的潮菜功夫轨迹。

我从历史资料了解到，李树龙师傅13岁从家乡潮州归湖镇来汕头市当厨杂，经历上可见从通津街的和昌太商号杂工做起，辗转多处酒楼和食肆，其中有乾芳酒家、海天菜馆、中央酒楼、陶芳酒楼、新老永平酒楼、兴宁青年酒家、福建长汀皇后酒家等。

20世纪50年代后在标准餐室、大华饭店、汕头大厦与其合作过的师傅就有蔡清泉、蔡得发、蔡炳龙、蔡福强、蔡来泉、刘添、王添成、童华民、罗荣元、蔡希平等，当然还有一大批未知名的厨师们，这就足够印证李树龙师傅的饮食江湖地位。

我曾经比较近距离接触过李树龙师傅，印象中他是一个特别爱干净的人，工作上特别认真，不善言语，不苟言笑。他每天悄悄地来上班，静静地离开，他切配的菜肴在搭配料上非常整齐，主次又分明，让很多炒手一看就知道食材落鼎的先后顺序，这在同行中很难看到。

寻找潮菜的发展轨迹和路径是很费力气的，公认的观点是：唐时韩愈先生来潮州为官，带来了家厨，把京城的饮食文化渗透到地方的饮食中去，由此确定了潮菜的源头。然而潮菜的延伸和发展就必须靠历代本土文化来组成，要经历代厨师们千锤百炼和文人墨客的资料总结而形成。

我们在寻找潮菜发展轨迹和厨师足迹的时候就基于此，也想尽量找回潮菜厨师们的技术因果。像李树龙、李桂华这种父子传承，名师出高徒的例子在业内比比皆是，有着悠久历史的潮菜文化也依赖一代又一代的传承得以发扬光大。追忆大师傅们的足迹，无疑是对后辈的鞭策。

历史，电光石火般一闪而过，看似瞬间，实则已是永恒。

你看这饮食，这潮菜，如江水般奔流不息，润养着一代又一代的潮汕子民！

刘添师傅的传说

　　乐得安隅独一方，非不得已不出山，只因有绝对技术显权威。这是我对汕头市原杏花饭店刘添师傅的评价。

　　他把笼巡的盖子掀起，顺着蒸汽的飘移，迅速把笼巡内的碗公（大碗）取出，又迅速反拍翻转过来，揭开莲叶，反扣着的两排五花肚肉整齐地出现在众人眼前。简单菜肴"新鲜荷叶炊米芙肉"的制作，让在座的公司领导和厨师们都一片赞叹。这是当年名厨刘添师傅在汕头市大华饭店技术表演的场景。

　　潮菜历史上有很多说不清和解不开的结，刘添师傅为什么一直不出山，就是谜一样的结，扑朔迷离，而当年各路知情人大都相继离开了。

　　多方的猜测，都认为是刘添师傅性格惹的祸，很多人都说他是一个非常"硬鼻"的人，一旦碰到与想象不尽相同的事时，他便是用十头牛都拉不回的人。刘添师傅在杏花饭店一蹲30多年，就是这个性格所致。由此有人调侃说，真是不变的性格换来不变的工作单位。那么我们来分析刘添师傅的性格吧。

　　一是，传说当年调刘添师傅去杏花饭店是一个错误，让一个大师傅来

刘添师傅

煮大众饭菜，有点大材小用，好像被冷落了。当时调他去杏花饭店的汪建邦经理发现大材小用了的时候，想把他重调回来为时已晚，刘添师傅拒绝了。

事实上，杏花饭店在汕头餐饮服务公司的布局上是有考虑承办筵席的。正如外马公共食堂和大华饭店一样，都有过做筵席的设想，只不过历史上所发生的变化让人们所想要做的不能实现。汪建邦经理调刘添师傅到杏花饭店也是基于这个考虑而作出决定的。我们从李树龙师傅调大华饭店，蔡得发师傅派驻外马公共食堂就可看出当年汕头市的饮食布局规划。

1983 年的潮汕路，右侧楼房为杏花旅社（摄影：王瑞忠）

二是，1980年全国恢复考级制度，饮食业也一样。当年饮食服务总公司决定李树龙师傅和刘添师傅二人上广州考特级厨师。而刘添坚决不去，让饮食服务总公司的领导无计可施，最后只好放弃，李树龙师傅单身赴广州应考。考特级厨师，在那个年代里，是从事饮食业的厨师们的一种向往，它能改变地位和待遇，也是饮食人一生的最高荣誉。可是，刘添师傅拒绝了，让很多人惋惜。

三是，传说当汕头市鮀岛宾馆建成，在组建餐厅部时，饮食服务总公司的总经理汪建邦同志为了弥补调他去杏花饭店的工作失误，再次上门恳请出山，还是被他拒绝了，很多人都认为刘添师傅这次有点过分。一个惜才如命的总经理一而再、再而三地屈尊恳请，显得领导大度，这在当时是难能可贵的。

后来，据说刘添师傅也有一些后悔，比如级别待遇、住房分配、家属的户口问题等等，都因他"硬鼻"而难以得到解决。

回眸潮菜在汕头饮食发展的历史，在时间、事件、人物中有很多可圈可点之处，然而也有一些人让你至今不解，比如刘添师傅的性格就是让大家一直捉摸不透的。

我认识他，但我不了解他，我只是在大华饭店看过他的烹饪表演，并未对他的技术有全面了解。但我绝对不敢怀疑他的厨艺功夫，单就他在20世纪50年代初以厨师身份，参加过汕头市政协会议并当选为委员这一政治背景，就足以证明其技术含量。从另外一些潮菜名师名家和他的来往交集就不难看出，他是有足够影响地位的人。刘添师傅要是厨艺功夫不出众，怎会有这么多人和他来往？下面的一些回忆可供参考。

被派去北京服务外国观光团的潮菜名家，江湖称"白菜佬"的蔡森泉师傅，每次回家乡探亲时，都会来到杏花饭店找刘添师傅一叙别后之情并切磋厨艺功夫。

朱彪初师傅、蔡福强师傅每次从广州来汕头和潮州也都前往杏花饭店找刘添师傅聚首聊天。蔡炳龙师傅、蔡大荽师傅、蔡清泉师傅这些饮食前辈，在退休后也经常会来杏花饭店与刘添师傅交谈，评说过去的饮食和今天的潮菜。李树龙师傅、罗荣元师傅两位在汕头响当当的大师傅，更是在同城市内不忘交流，只要工余有闲时必定前往品茗论艺。

吴庆、陈有标、陈木水、王月明师傅曾经在刘添师傅的手下工作学艺，时常也前往探望和讨教，得益匪浅。真是眼前一幅图景——出入尽厨手，来往皆烹者。

很多人仰望刘添师傅，更多的是想了解刘添师傅的人生经历，特别是烹艺轨迹，以便学习之。可惜的是，我们能够知道的太少了。李树龙的儿子李桂华师傅曾经和他们家庭有过联系，只知道刘添师傅的儿子刘荣鑫先生未曾学厨。

身材并不高大的刘添师傅，腰粗体宽略为肥胖，一副敦实的模样，让人一看便知道他是典型的厨房掌勺者。他出生于潮州市西门大刘厝内，至于是什么时候来汕头市从事厨师工作的则从无人提及，资料档案也全未体现出来，好像电影断片一样。

潮菜由潮州人创立至今，虽然覆盖整个大潮汕，经历代相传，影响已经远远超出了狭隘的地方范围，然而潮州人为保住这一赖以生存的手艺，传授时便选择在父子、兄弟或者他们的族群内，再由族群内的姻亲关系而结盟，进而形成一定的村落范围。

我猜想，刘添师傅的厨艺功夫秉承何人，和李树龙师傅一样无人知晓，但一定和宗亲族群有关，知道他们曾经在永平酒楼、中央酒楼、陶风酒楼都共事过这一点就明白了。

有道是——时势造就英雄何须问及过往，色香味温形器何须刨根问底。

广州南园酒家的潮菜名厨蔡福强

"丕啊，罗丕啊！过来食茶。"

作为东道主的蔡福强师傅在广州南园酒家休息室，喊着前来支援烹制潮菜的罗荣元师傅。只见个头并不高的罗荣元师傅大步跨越，一边回应着，循喊声而去。就这样，一对厨界老兄弟开始品味工夫茶了（罗荣元师傅花名叫罗丕）。这是薛信敏先生描述的蔡福强师傅和罗荣元师傅在广州南园酒家的一个场面。

地处广州市海珠区的南园酒家始建于1958年，于1963年7月营业，主营粤菜，兼部分潮菜和粤式早茶点心。南园酒家在广州市是三大园林酒家之一，它与泮溪酒家、北园酒家相映衬托，是非常有特点的酒家之一。

任何人、任何事都会因特定环境而留有可记忆的东西。广州的泮溪酒家、北园酒家我不怎么了解，但南园酒家因为有潮菜部而受到潮汕人，特别是一群潮菜烹者的关注。

广州南园酒家设立潮菜部，我分析一定是受到中国出口商品交易会的影响。参加交易会的人群中，有很多东南亚国家的潮籍商人。上级早就有指示，要接待好这些潮籍商人，就必须要有可以品尝潮菜的地方。广州华侨大厦、广州南园酒家就是其中指定接待的地方。

广州华侨大厦烹制潮菜部是由朱彪初师傅组成的班底，而负责广州南园酒家的则是蔡福强师傅。他是从汕头市标准餐室调往华侨大厦，再从华侨大厦调派去南园酒家的。

我只与他见过一次面，但不熟。查找汕头市的饮食档案，并没有发现蔡福强师傅的相关资料。只是在胡烈茂师傅的资料中，知道蔡福强师傅曾经是标准餐室的股东和潮菜师傅，烹菜功夫相当了得，然而很多人并不知道。蔡福强师傅与张上珍、蔡得发、林昌镇、陈文光、胡烈茂、陈荣枝、童华民、杨壁明等人曾经在标准餐室一同共事过，为了经营一个共同拥有的餐室而努力工作。

曾有一个趣闻，说蔡福强师傅每次来汕头市探亲访友，总会到标准餐室去，或进去与一些老师傅聊天，或在门外瞄一下后便走。大家都猜想，这可能是他对老标准餐室的留恋吧。

中国出口商品交易会在1973年后是最活跃的时期，一切对外商务活动都在每年春、秋两季的展览会上展现，来参加活动的政界商贾人士很多，接待任务的压力越来越大，广州饮食服务公司把到汕头调人做支援作为常态化工作。特别是广州南园酒家，更是需要潮菜师傅前往协助。仅仅是汕头市饮食服务公司派去的就有罗荣元、蔡和若、陈霖辉、陈汉华、魏志伟、薛信敏、陈木水、蔡培龙等师傅，他们都是多次前往广州参加饮食支援的人。就这样，很多师傅都能够近距离接触到蔡福强师傅。

蔡福强师傅是潮州市意溪镇埔东村人，个头不太高大，声音非常好听，粗犷的发声中略带沙哑，富有磁性。从胡烈茂师傅的资料中，可窥见蔡福强师傅在汕头期间和一些潮菜厨师关系甚好，其中就有朱彪初、朱光耀、蔡得发、李树龙、刘添、陈荣枝、林昌镇、杨壁元等。

广州南园酒家

　　薛信敏先生后来迁居到香港生活和工作，经常与我通电话，谈及潮菜的一些人一些事，每次聊到蔡福强师傅时，总会兴高采烈。薛信敏先生说如果拿蔡福强师傅与罗荣元师傅相比较，蔡福强师傅更是长者，烹调技术非常全面，而且有不可挑战的地位。

　　事实上蔡福强、刘添、李树龙都是当年标准餐室的最高厨手，罗荣元师傅早年也在标准餐室待过；李树龙曾到过南园酒家，刘添是罗荣元师傅的师长又和蔡福强很要好。

　　传闻20世纪60年代，广州市餐饮界兴起评比之风，蔡福强师傅和他的徒弟古良仕先生，代表南园酒家把一只家乡风味的"豆酱焗鸡"拿去参加比赛。他们在比赛中把"豆酱焗鸡"烹出飘香味道，和广州华侨大厦朱彪初师傅的"美味熏香鸡"一起入选"广州市十大名鸡"，足见潮菜之影响深远。

20世纪70年代中期，蔡福强师傅又在"豆酱焗鸡"的基础上加入幼小的"禾花雀"（当年还未列入保护物种），拼焗出一道特色的家乡口味大餐，冠称为"母子鸡大会"，让很多中外食客为之倾倒。

薛信敏先生说过，蔡福强师傅和罗荣元师傅两人曾在广州出口商品交易会期间，一次性焗几十只"豆酱焗鸡"，从腌制到煲炉台焗制，斩件摆砌都是他们完成，那种快速有序、整齐有条理的工作安排，让他与蔡培龙看得目瞪口呆。

蔡福强师傅的一道"干炸虾扇"烹制得如诸葛亮的羽扇一样，形似神似。薛信敏先生说，看蔡福强师傅敲打虾扇的过程，是行家的一种烹饪享受。他细心又轻手，对着虾肉轻轻地拍，轻轻地拍，让虾肉散开，有如扇子一样。

潮菜的其他菜肴如出水芙蓉鸭、一品棠虾、芙蓉蟹斗都是蔡福强师傅的拿手好菜。在追求烹艺功夫的精细上，他是比较完美的。

蔡福强师傅你好嘢！

注：关于蔡福强师傅的故事，都是我从罗荣元师傅、蔡和若师傅那里听来的，后来薛信敏、蔡培龙提供了一些去广州与蔡福强师傅接触后的内容。此文未经他的家属及后人审阅，只因找不到他们，也无蔡福强师傅的照片。抱歉！

酱香——李锦孝师傅

　　城市历史记忆中，往往会飘出许多味道，这些味道都是许多酱料调成的，它多姿多彩，丰富了这城市的形象。

　　饮食寻源，一组美味菜肴都是由多种酱香料调和，在人们口腔味觉的认可下完成，并流传下去，才能留住味道。

　　一次与挚友李楠先生交谈中，说到近期自己在调研配制新味道——酱香牛肉，受到各方面的一致好评。

　　李楠先生说道，香港有一家食肆也是善于调制一些酱料，经过反复调研配制，研究出几种让人接受的酱香调味料，并创办了一家调料品商行，取名酱香园。李楠先生戏玩地说道，如果汕头市东海酒家也能像香港酱香园一样，创办一家酱香食品商行那是最好不过了。他乐而笑道，就取名——东海酱味香园。

　　酱香，是我近年潜心调研配制的一种调料制品，它是由多种食材相互搭配，经过反复多次熬煮调味，达到香气最大限度的发挥，形成固有香气模式。

　　借用这种酱香，让它可以延伸，与其他食材搭配，促成另一类食品。

李锦孝师傅

诸如酱香牛肉、酱香肉丁、酱香老菜脯、酱香橄榄、酱香橄榄菜等品种。

事实上，我能调制这些酱香，多少是受到我的师傅，汕头市潮菜名家李酱香——李锦孝师傅的影响。

1971年我在标准餐室学厨时，看到李锦孝师傅除了菜肴烹制得好之外，还是一位玩弄调料和食材搭配的人。他跟我说过，南方人也喜欢带有香气的刺激味道，但又不喜欢太辛辣和刺激性太强的，所以他在研磨胡椒粉作为调味品时，就会加入炒熟的糯米，然后一同磨成粉末，让其味觉有醇厚香气，在刺激味蕾器官上更中性，达到让南方人容易接受的适口度。

同期学厨的师兄弟，可能有很多人不知道李锦孝师傅会熬煮沙茶酱。然而他真的熬煮过，我也帮过忙，只是现在对制作流程印象模糊。至于他怎么会有这一手，后来我从他的大儿子李炎辉先生那里得到信息。

李炎辉先生告诉我，他父亲李锦孝师傅1962年从地委交际处（招待所）转到地方单位工作，餐厅是新兴餐室。新兴餐室主要经营牛肉丸及牛腩粿条、炒糕粿、蚝烙及小炒卖，这些小吃品种是需要沙茶酱、辣椒酱作为蘸酱碟和配料的。

据说当年新兴餐室的沙茶酱等调配酱料基本都是自己调制，李锦孝师傅拥有制作沙茶酱技术，在今天看来就不奇怪了。

李锦孝师傅自己也曾经说过，他在1964年被汕头市饮食服务公司派去广州市培训越南派来的厨师学生，教他们学习中式烹调。这期间，他特地把沙茶酱炒牛肉的特色菜肴介绍给越南人学习，让他们品味自制沙茶酱的味道，体会到广东潮菜的魅力，这从另一个侧面看出李锦孝师傅对调理酱香是有一套的。

1971年底，在李锦孝师傅的指导下，我们曾协助他制作过沙茶酱，亲眼看到李锦孝师傅查找沙茶酱资料，包括多样味料食材，然后购买所需食材，通过合理的搭配，熬制出香气扑鼻的沙茶酱。

我把当时帮工过的一些印象记录下来，未必准确：

生葱、蒜头粒、红辣椒、花生仁、芝麻、芫荽籽、芥菜籽、茼蒿籽、椰子、鲽鱼、黄姜、南姜末、香茅、虾米、葱白、猪油、白糖、白盐、麻油、酱油、芝麻酱、五香粉等。

在加工过程中，李锦孝师傅对每件食材都要先"切幼、绞细、辗粉"。然后大鼎注入生油，将每件食材进行分次序、分工序加工处理，再进行汇总熬煮，直至脱尽水分，呈现出淡红色并带有润泽的油气，直到香

附：沙茶酱制法

原料：生葱三百斤　蒜头粒三十斤　文莱豉仁二十斤　花生七千斤
芝麻酱三斤　虾米十斤　蒜脯三斤　椰子六个　白粉十二斤
胜煎三斤　猪油三十斤　南姜末六斤　芝茴籽四两　香芒二斤
茴香籽四两　芥菜籽四两　黄姜一两　五香粉三两　白糖四斤

制法　原料处理：1. 先将芝茴籽、芥菜籽、茴香籽分别用慢火炒熟后，趁微酥时碾成粉末。

2. 把花生仁焗熟（或用粗砂炒熟）去皮并拣掉坏的，然后用碾肉机碾二次成花生酱，另把生辣椒粒磨洗净水也碾成酱（碾一次太粗时可再碾一次），南姜除去膜和头尾，洗净晾干后磨成南姜末。黄姜成块压成粉。

3. 把椰子剖长皮，打开壳，用刨机刨成细丝后，再用勾布包扎滤出椰汁待用。
虾米用淡水洗净，再浸一小时后，用碾肉机碾成细末。胜煎压碎，白粉用少许淡水溶化成扩油，蒜脯用猪油炸熟，放凉并碾成末。

4. 把香芒胶去叶（较老的尖切掉），用刀切成碎块，再碾成末。
蒜头粒剥去皮，碾成蒜头末。生葱切去头尾，剥干净，然后晾干水份，碾成葱末，再挤干水份待用。

炒制过程：1. 先将蒜头末用猪油炒成蒜油（先旺火后慢火炒至金黄色，注意不要炒太老致使苦味）。

2. 把胜煎用猪油炒香后成起，再将辣椒酱下鼎用猪油炒成辣椒油。

3. 把虾米末用猪油炒干水份后，捞起成装。

4. 把生葱末下鼎用猪油炒至金棕色（开始用旺火后逐渐区慢），加入香芒同炒，再下五香粉、芥菜籽粉、芝茴粉粉、茴香粉粉，起炒匀，又加入辣椒油、蒜油、椰子汁、胜煎、黄姜末

葱末全部炒匀，最后炒进虾脯末、芝麻酱、白粉油等再炒匀即成。
注意关键：在处理原料时，要逐件分开处理，特别要磨成粉料要炒干水份的和火力旺慢的掌握，以免影响质量。蒜油、花生酱、芝麻酱要在最后下鼎，全部炒制过程约需六小时。

20 世纪 60 年代，汕头饮食服务公司记录的沙茶酱制法

气扑鼻，才算完成。

今天因介绍酱香的调研配制，我把李锦孝师傅引到大家面前，但更重要的还是介绍他的饮食人生经历和烹调技术。

李锦孝师傅身高一米七八左右，魁梧敦实，声音洪亮。他既有一副慈祥的面孔，也会让你觉得在慈祥的面孔下有一种不怒自威的感觉。相关资料只简单介绍了李锦孝师傅的厨师历程：

1934—1948年，市合成饭店当厨工。

1948—1952年，市成顺园饭店当厨工。

1952—1958年，市委食堂厨手及组长。

1958—1961年，地委交际处厨房头及厨师。

他自己也说道，少年时在升平路的合成饭店当厨手，从底层学起。后

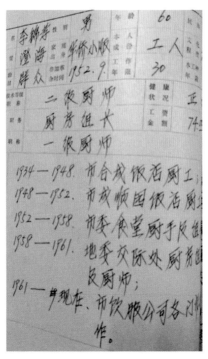

李锦孝师傅资料简历

又在成顺园饭店、乐乡食肆等当厨工，因而所学的烹调技术也比较全面。按照潮菜厨房的讲究，所谓的砧板切配、锅鼎炒菜全都会独立操作。李锦孝师傅的烹调理论也是比较有功底的，在为我们授课时能把烹饪的原材料说得头头是道，有根有据。

他会把烹饪食材的地理区域、适合季节、存放时间、加工过程和能够起到的作用，甚至包括刀工处理、火候掌控、味道表现都讲得头头是道，让你觉得他更像是学校教员。

记得有一次理论课，他讲到大米的贮藏时间和吸水量的关系，指出通过贮藏的大米必定干身，因而在煮饭时的吸水量比一般的米要多。同时举证若干干货，让你知道干货在泡发中的吸水量。

又有一次在讲授草鱼（鲩鱼）的季节时，强调沙池塘的草鱼与泥土池塘草鱼的肉质不同，沙池塘的草鱼肉质白净亮、口感清鲜，而泥土池塘养出来的草鱼土臭味严重，口感极不舒服。从理论上去分析好与坏的区别，让你大吃一惊，单是草鱼就有如此多可学之处。

师兄弟胡国文先生曾经说过，尽管跟随李锦孝师傅的时间短，但那段时间的烹饪理论绝对是最有益的，它弥补了我们厨艺知识的不足。

特别是在日后的级制考试中，很多师兄弟都庆幸有当时李锦孝师傅的理论课程，要不然会吃亏。

1972年汕头市饮食服务公司接到上级要求派潮菜厨师前往北京，为柬埔寨临时政府烹制潮菜的任务，选择了"根正苗红"和政治上可靠的李锦孝师傅。

原来，柬埔寨临时政府设在北京，据说宾努亲王的夫人是潮汕人，喜欢吃潮菜。再加上经常有华侨商人前来探望柬埔寨政府的一些官员，而华侨商人大部分都是广东潮汕人，他们同样有品尝潮菜的需求。北京的有关部门得知后，特地从潮汕地区调派厨师入京，可见潮菜在当时的影响。这也是我从他的儿子李炎辉先生口中了解到的。

虽然我们学习李锦孝师傅烹饪技术的时间相对短暂，我们都觉得他的技术是非常到位的，一些菜肴的出品，虽然有时代的限制，但作为一代厨师，李锦孝师傅的烹饪地位毋庸置疑的。

今天列举他当年的一些菜品，可窥见他当年的功力。

——结玉焖脑、酿葵花白菜、川椒猪肝、炸糯米酥肚、炸玻璃酥鸡、炒菜远鸡球、干炸五香粿肉、佛手排骨、油泡六月鳝、油泡田鸡腿、红焖水鱼、红焖白鳝、酸咸菜炖乌鱼鳗。

——红炆五香猪手、陈皮炖羊肉、五柳松子鱼、川椒鸡球、醉金钱菇、五香炆鸭、炸云南鸭、南乳扣肉、酸甜排骨、酸甜咕噜肉。

——羔烧芋泥、清甜马蹄泥、鸭母捻、清甜百合莲子。

以上菜品有很明显的时代特色，可能你觉得不怎么样，但它是当年的真实写照，也是后学者必须学习的菜肴。

1975年，李锦孝师傅从北京载誉归来，受到汕头市饮食服务公司的重用，被安排到汕头大厦筵席部。

1982年退休后，他被经济特区龙湖宾馆聘为潮菜出品技术顾问，为潮菜的传承继续发挥作用。

标准餐室旧址

老实巴交的蔡和若师傅

记录一批各个时期潮菜师傅，肯定有难度。但是若忘记一批奋斗在潮菜发展史上各个时期，特别是20世纪60年代和70年代的师傅们，那将是潮菜发展史上不完整记录的遗憾。今天想记录蔡和若师傅这一代潮菜烹调师傅们，原因是他们在这一时段传承潮菜的路上苦苦支撑着，有一种不放弃的精神，是值得尊敬的。

回忆一些与我们这一辈人有着来往的潮菜师傅，也许今天的记录与看法不够全面，然而只要能够体现他们当年烹制潮菜的精神，就足以让我们从心灵上得到慰藉，目的也就达到。我心目中一直比较完美的潮菜烹调名家蔡和若师傅，在1975年的某一天突然被汕头市饮食服务总公司调离汕头大厦筵席部，而且被闲置着，我内心有很多个为什么，至今都无法去弄明白。此前他一直在汕头大厦2楼筵席部担任出品一方的负责人，管理一班人和安排日常酒席与炒卖。关于他被调离的一些传闻都是靠同事之间和街坊间传说留下的，那个传说的"白糖事件"如今只能作为历史的印记留下。

非常可惜的是我与蔡和若师傅没能成为师徒，也没有直接的工作联

蔡和若师傅

系，要不然就更能深入了解他。我曾经有两个机会可以向他学习，可惜都擦肩而过。1973年的上半年，汕头市饮食服务总公司调派我与蔡培龙先生二人去汕头大厦2楼厨房作临时支援。一同前行的蔡培龙先生更希望能在蔡和若师傅手下工作学习，于是我只能到李树龙师傅那一班去。我想向蔡和若师傅拜师的计划也就搁浅了。

多年后，汕头市广场餐室通过改造，提升了服务功能和接待范围，增设了酒席炒卖，于是特意把因某些问题而闲置多年的蔡和若师傅重新调到广场餐室来主理，负责酒席菜肴的出品。很多青年厨师都想调来广场餐室，然而都未能达成愿望，师兄弟蔡培龙先生通过努力，再次来到他的麾下。我也很想调来广场餐室，曾托人到公司政工股说情。但是那时候人事的调动权力在上一级，我只能空有想法。

蔡和若师傅是原澄海县西门蔡氏人士，他说早年在澄海县荣兴酒店当过杂工，后来到汕头市协成餐馆、美记餐室帮工学厨。他是一个比较老实又勤力勤学之人，加上天资聪颖，很快练就了一身做菜的好功夫，因而在饮食圈内拥有比较好的名声。

相关资料显示：

1936年7月—1936年12月，澄海县荣兴酒店杂工。

1937年1月—1937年12月，澄海县中华小学校读书。

1938年1月—1938年12月，澄海县荣兴酒店杂工。

1939年1月—1941年6月，澄海中山路隆兴利杂工。

1941年7月—1942年12月，汕头成茂饭店杂工。

1943年1月—1943年12月，汕头协成饭店司厨。

1946年1月—1946年12月，汕头美记饭店司厨。

1947年1月—1948年8月，汕头协顺兴旅店炊事。

1948年8月—1954年10月，汕头美记饭店司厨。

从中华人民共和国成立前至公私合营期间，不难看出蔡和若师傅从一个杂工成长到厨师的过程，这就是从士兵到将军的过程。1936年汕头市成立酒楼茶室菜馆业职业大会理监事上，他被推为候选人之一，足见他当年在饮食圈内的影响。

蔡和若师傅的烹调技术堪称一流，任何人都对他不持怀疑，我也曾多次近距离观看过他的表演，确实技术过人。他在操作上，工作过程细致，不急不躁，一丝不苟，让人佩服。

会议记录

工作经历记录

记得在大华饭店，汕头市饮食服务总公司举行技术表演，邀请了汕头市当时所有的厨师，包括蔡和若师傅在内也参加了。只见蔡和若师傅带去白汁炊鲳鱼，白汁鲳鱼有盖三丝，他在三丝的处理上让人眼前一亮。青葱丝、香菇丝、火腿丝这3种丝状，蔡和若师傅用刀轻轻平片开后，用直刀切丝，真的是丝丝如线，覆盖在白汁鲳鱼上面，银丝如织般漂亮。

我曾经居住在老市区的永安街31号楼下，与住通津街的蔡和若师傅距离不远，所以我有更多机会和他来往，我们经常在一起品茶、吃宵夜，变得无话不谈。虽然无缘分拜交为师，却也算得上亦师亦友。在那段时间里，近距离接触，才发现他是一个非常温和柔软的人。你若细心观察，会发现他在与人交谈时总是轻声细语，从不会因小声说话而让人嫌弃语轻，也不会因他人大声嚷嚷去讨嫌计较之。

在日常的聊天中，谈及烹制潮菜的一些关键环节，他说任何时候都要认真负责，细心检查，特别是粗加工的过程，尽量发现问题，哪怕光鸡身上的细毛是否去尽，鲜鱼身上的鱼鳞是否刮净，这些细小的地方都会影响菜肴的质量。他说检查食材的每一个环节也是很重要的，特别是那些从野外带回来的水鱼、鳗鱼、飞禽鸟类等，它们往往都是被钓来的，或者被铳枪射下来的，身上可能会有铁钩和铁铅子。如果检查不到位，疏忽了，这些铁器残留在食物里，被人吞下会有危险。1962年他曾经被地方派去为部队首长做菜，在烹制红烧甲鱼的时候，发现有一条钓鱼线，就是一直找不到鱼钩子，一直细心检查，才发现钓钩藏在甲鱼脖子的深处。

谈到变菜出品，蔡和若师傅轻声细语地说道：酒楼食肆变菜，很大程度都是由厨师们操作，然而厨师们能力也有限，毕竟视野有限，因而很多时候反而是客人支招和提供参考。蔡和若师傅说，客人往往会向厨师提到他们曾经吃过的菜肴，这很是让厨师开阔视野，同时也能看出厨师的执行

考评呈批表

能力。就这么一个老实巴交的人，在时代不稳定的环境下差点被埋没了。

　　如今斯人乘鹤已西去，天国地府添大厨。蔡和若师傅离开之后，仍时常被许多厨友提起。师兄弟陈汉华先生说，蔡和若师傅的技术好、菜路长，善于变化，交谈中又能为你解读，只是人太老实了，有点可惜。这是从另一个侧面描绘了潮菜名家蔡和若师傅的老实，大家认同吗？

郭瑞梅其人

　　一直想写郭瑞梅师傅的烹艺一生，特别想走近他，认识他。终因对他不熟悉不太了解，因而一直无法落笔。

　　有人问，汕头还有很多潮菜师傅你都未曾介绍，为何想到身为饶平县人的郭瑞梅师傅呢？

　　实话实说，汕头市还有很多潮菜师傅未入笔下，皆因我对他们的生活、工作情况不熟悉，也没有相关资料可以入手，在此只能表示歉意。

　　1974年的时候，原汕头地区饮食服务总公司在汕头市举办厨师进修班，郭瑞梅师傅被推荐到汕头地区的唯一区县来的厨师教员，他与当年汕头市多位名厨张清泉、蔡得发、罗荣元、郑瑞荣师傅都是同一期的实操教员。

　　如果从潮菜的发展和技术层面考量，值得汕头地区饮食服务总公司推荐的，那绝对不是等闲之辈。故此我试着寻访一些相关人士，想把郭瑞梅师傅的一些情况记录下来。

　　我一直在寻找原因也一直在想，一个饶平人能在潮菜的烹艺界占得一席且位置显赫，他必定有过人之处。要不然他怎么能够得到汕头地区饮食

服务总公司的推荐，带着一个县级的厨师身份来汕头当一名厨师进修班的实操老师呢？

在潮菜烹饪手法和一些出品上，饶平县相对落后于潮州市和汕头市。然而大自然馈赠了饶平县大量食材，沿海的海鲜多不胜数，如龙虾、响螺、鲳鱼、鳗鱼等各类鱼鲜，滩涂虾杂和贝壳蚝类，再加上各乡镇各具特色的风味食品。

如黄冈镇的宝斗饼、肖米，大澳村的珠蚶；

汫洲镇的海产大蚝、贝壳类；

大埕镇的清炖狗肉；

渔村镇的野山枣糕；

浮滨镇的狮头鹅、咸牛奶；

三饶镇的三饶饺；

新丰镇的柴火炒粿条和白斩鹅；

浮山镇的坪洋柿饼、烊油墩；

海山镇的紫菜；

饶平客家区域还有客家牛肉丸和腊肉腊肠。

特别是高堂镇的菜脯。相传1751年，高堂的农副产品加工已在大潮汕享有盛誉，"老裕盛"商号的红糖、菜脯乘樟林港红头船，开辟国内沿海市场的苏州上海一带，因而当时盛传"高堂菜脯赢过上海猪舌"的说法。

饶平县拥有如此庞大的食材体系，自然就拥有众多的善烹者，诸如郭瑞梅、余构强、徐潮由、潘桂江等名师名厨，他们个个都是顶级师傅。由此，郭瑞梅师傅被汕头地区饮食服务总公司推荐，是有一定道理的。

郭瑞梅师傅是一个什么样的烹者呢？我找来师兄弟陈木水先生、蔡培龙先生、林桂来先生，他们都说郭瑞梅师傅的技术不容置疑。咨询了饶平人徐潮由师傅、潘桂江师傅，从他们的口中掏得了丁点记忆，总结一下。郭瑞梅师傅不是饶平人，他真实的出生地是原澄海县。16岁那一年随家乡人到香港，先在香港一些潮属酒楼食肆做徒工，学习厨艺。随后与他人辗转到广州市，在广州市的酒楼任厨工，多少学到了一些港式潮菜和粤式菜肴的烹饪方式。

1938年广州沦陷后，大城市一片萧条，郭瑞梅师傅与他人来到比较偏远的饶平县工作，从此就被留在饶平县。公私合营后，他被安排在国营制的人民食堂主理一切出品。

郭瑞梅师傅在过去的饶平县城中，特别是在人民食堂里，都是说一不二的人。从烹饪的角度来看，绝对是当时的厨尊。他主理县城的人民食堂，除了做好日常出品之外，还经常被劳动局聘请去培训下一代厨师，为培养饶平的后备厨师人才不遗余力。这一点在后来的饶平人徐潮由师傅和潘桂江师傅的口中得到证实。

曾经在郭瑞梅师傅手下学厨的徐潮由师傅说，郭瑞梅师傅的厨艺人生是精彩的，他学到了潮、港、粤式的烹制方法，从刀砧上的剁、切、砍、片、雕，到鼎上的焖、炖、煎、炒、烙、炸、焗等烹调技术样样精通。

他还把在广州学到的一些菜肴也带到饶平县来，他所烹制的"三杯鸡"具有粤菜的原味气质和潮菜的韵味。徐潮由师傅介绍，郭瑞梅师傅烹制"三杯鸡"的时候，非常注意选料。三黄鸡是首选，次之必选稚嫩偏肥之鸡项。再者是选择鸡腿肉部分或者翅肩胛部分来做三杯鸡，才达到咬嚼上他要的口感。故此他的"三杯鸡"烹制得比其他师傅更出色。

曾经接受过郭瑞梅师傅培训的陈木水师傅说，沿海的人吃螃蟹更喜欢蒸、炒、腌制。而郭瑞梅师傅则喜欢烹做另一款菜肴，叫"酸甜琉璃蟹"，在改变蟹的吃法上下足了功夫。他说郭瑞梅师傅在"酸甜琉璃蟹"的处理上，喜欢把整蟹改块后炸熟，重新摆砌完整，然后调好五柳粒酸甜汁淋在炸好的蟹块身上，呈出五光十色，极度好看。

蔡培龙师傅和陈木水师傅也都说过，郭瑞梅师傅性格上独大，脾气急，从不服输，常常为某个菜肴的操作过程和下料提出自己的见解。记得他曾经为了一条乌耳鳗的烹煮方法，与另一位老师傅争得面红耳赤，随后拂袖而去。

可想而知，郭瑞梅师傅若无真功夫，岂敢独自一人闯入潮菜厨门之最高殿堂?

1. 汕头地区饮食服务总公司举办的第一期厨师进修班，为期 3 个月，地点在汕头市荣隆街旅社
2. 20 世纪 80 年代的饶平县城（摘自《汕头风光》）

厨师书记——郑瑞荣

　　他曾经在汕头市外马饭店当支部书记？我并不知道。

　　他也是一名厨师？我居然也不知道。

　　厨师兼任支部书记，在那个特殊年代是不能小看的。厨师嘛，在过去的工作上非常辛苦，但比起矿场工人或者码头工人，厨师的工作和生活要好得多。要不然，为什么会有人说他们是最无彻底革命性的呢？

　　由此而推，厨师能在那个年代努力进步，争取到当上一名支部书记或者企业管理者，这要比其他人付出更多的努力，想想都让我们肃然起敬。

　　许多人都说他是从广州南园酒家调回来的，由于政治上进步，到汕头市后被委任到市委行政科当厨师兼管理员、招待所副所长，随后又被调往市饮食服务公司。后来，公司又委派他到汕头市人民饭店当支部书记。（当年的外马公共食堂曾改名为人民饭店。）

　　在汕头市人民饭店当支部书记后，又被汕头地区饮食服务总公司调去兼任实操教员和政治教员。此人便是今天的主角，厨师兼支部书记郑瑞荣师傅。

　　1974年春，汕头地区饮食服务总公司，在原汕头市举办的第一届厨师

郑瑞荣师傅

培训班的基础上，决定在全汕头地区举办厨师进修班，把各县比较有烹饪经验的人集中起来，请潮菜名师来培训，为期3个月。

办一个全汕头地区的厨师进修班，必须要有一个强而有力的管理者，而且还要考虑到管理者的身份和能力。于是他们想到了郑瑞荣师傅，原因是郑瑞荣师傅既是一位厨师，也是一位支部书记，更是一位合格的管理者。

于是乎，地区饮食服务总公司一纸调令，把郑瑞荣师傅从外马饭店调到汕头市荣隆街旅社，一个被作为临时培训点的单位。

郑瑞荣师傅也不负众望，除了每天配合其他师傅烹制菜肴作示范之外，一些管理事务、政治学习之类的都是他负责。他也不负上级的期望，努力工作，积极配合其他师傅烹制菜肴，争取把各区、县派来的厨师学员培养成为又红又专的厨师人才。就这样，我们基本上对郑瑞荣师傅有了一些了解。

循着远去的声音，我一直在努力寻找他的饮食之路，渐渐地有一些人发声了。蔡培龙、陈木水、林桂来、王月明、钟绍龙等潮菜名师们纷纷发出声音，尽管信息少之又少。

他们都说了，在汕头地区厨师进修班学习的时候，郑瑞荣师傅主要还是处于炒鼎的位置。虽然从各方面来看，培训潮菜厨师的主要光环罩在罗荣元师傅身上，但是还有一大批像张清泉、蔡得发、吴再祥、郑瑞荣之类的师傅，在很多地方也值得讴歌一下。

炒锅，潮汕人称为炒鼎。炒鼎之中又有幼鼎（又叫头鼎，由最主要的师傅负责）、二鼎、粗鼎之分。按照过去潮菜厨房的分工，除了总厨之外，炒鼎是在厨房占主导位置的。炒鼎中的幼鼎（头鼎）关系到出品味道和品相，最为关键，一些好的菜肴都会是幼鼎（头鼎）自己掌控。

于是烹制一些相对高档的酒席菜肴，诸如燕窝、鱼翅、鲍鱼、花胶、海参等，都会让幼鼎（头鼎）去掌控出品。二鼎则是次之，在炒菜的位置占相当大作用，特别是大型酒席中的部分菜肴需要提前焖、炖、扣、炸等初加工，二鼎是要发挥更大作用的。

其他则是三鼎或者粗鼎之位，他们主要是在菜肴的粗加工上做一些原材料浸煮涨发，焯水捞洗的工作。炒菜时烹制一些普通菜肴，诸如油泡、烧炸和炒青菜、炒粿面、炒饭之类。接受过郑瑞荣师傅业务指导的陈木水师傅、蔡培龙师傅、林桂来师傅都说过，郑瑞荣师傅是一位多面手，但更主要是炒鼎手，属于幼鼎（头鼎），肩负着潮菜菜肴出品完美性的职责，特别是在煎、炒、焖、炖、炸等方面。

他在香煎鱼类或者肉类的时候，通过慢煎让金黄色伴着菜肴而不焦炭面。炒菜的时候，他明确热火是关键，快速翻炒和控制糊汁是一个鼎手必须掌握的技巧，炒菜最大目的是要保护菜肴不焦，芡汁护身和菜肴上鼎后糊汁不泄。

菜肴需要红焖和生焖的时候，他会尽量把控入味让糊汁均匀。处理炖品的时候，为了汤清甘甜，他飞水后细心清洗一切血垢。烧炸是任何炒鼎手必须经历的过程，他绝对会认真去控制油温，让菜肴尽量呈现酥脆和色泽金黄的一面。

"死砧，活鼎，柴浪笼巡"是潮汕人一句顺口话，它概括了潮菜厨房术语，表明了厨房最关键的操作部分还是放在炒鼎上，在这一点上很多厨师都是认同的。郑瑞荣师傅作为炒鼎手更是深刻体会到这一点，所以他才能够做到最好。

郑瑞荣师傅，1924年生于潮阳县。我从一些资料上了解到，他早期在许多职业上轮换，从事餐饮业多于其他行业。他少年时先从拾煤渣做起，又学习做泥杂工。

1942年开始在汕头红棉饭店当厨杂工，从此与饮食结缘。此后在车华茶室当厨杂工，捷发饭店当厨工，又转入陵园饭店当厨师。政权更迭后，他努力工作，积极进步向上，在1956年加入了中国共产党。

1961—1962年，被派往北京华侨服务社任厨师，为当年一些到北京的潮籍华侨服务。

1962—1964年，到市委行政科任管理员、厨师。

1964—1970年，被派往广州南园酒家，任厨师副经理指导员，协助当

汕頭地区飲食服务公司
潮州菜烹調技木进修班老师学员合影留念
一九七九年六月一日

年南园酒家的潮菜部做好潮菜出品，服务于东南亚一些潮籍华侨，一直受到好评。

1970—1974年，任汕头市招待所副所长。

1974年后任人民饭店和大华饭店主任和书记。

1974年，兼任地区服务总公司厨师进修班的厨师教员和政治教员。此后他又多次与罗荣元师傅合作，为汕头地区饮食服务公司举办的厨师进修班培训一批批潮菜师傅。

他被埋没了，在汕头市潮菜的发展史上，他曾经也付出很多努力，特别是在厨师培训上。如今却找不到他一丁点信息，真的有点遗憾。

陈木水师傅说了，郑瑞荣等师傅们在培训潮菜后人的道路上，正如国家乒乓球队、排球队、摔跤队的陪练一样，付出了很多，却默默无闻地站在巨人身后，被他们的荣誉和光环挡住。

记住他吧，潮菜的后学者们！

吴再祥师傅

　　胡国文先生多次跟我说，在新兴餐室的小炒卖中，主砧配菜的名厨吴再祥先生可能被大家忘记了。我一直试想让他走到大家的眼前，怎奈无从出手。

　　1969年7月28日中山公园餐室被台风吹倒塌后，他被调至新兴餐室，便逐渐退出众人的视线。汕头市自创文以来，大力整治街区，同时把一些老城区的记忆也挖出来整理。有一天，胡国文先生跟我说，老城区几家有名的酒楼重新被提及，中央酒楼、中原酒楼、永平酒楼、陶芳酒楼等都被推出来了。

　　此时我想到了，我与蔡培龙师傅曾于1972年到汕头市第二招待所支援，招待所的前身就是陶芳酒楼。陶芳酒楼在万安街巷内，据称是梅县客家人开的，装修格局在当时均属一流，单从遗留下的房屋便可见一斑。

　　噢，胡国文先生的提醒无非是想重提吴再祥师傅，让我顿时一悟。由于陶芳酒楼的档次高，所以他的出品必定是高档次，想要高档次的出品，聘请的厨师也必定是高手，才能烹得好菜肴。

　　吴再祥师傅就这样在陶芳酒楼出任厨师，是当时的主厨之一，他与胡

吴
再
祥
师
傅

烈茂师傅同属兼具"厨点"烹饪的高手。胡烈茂师傅巧手做出精美点心，吴再祥师傅妙手烹得好鱼翅。说到陶芳酒楼好鱼翅，个个伸指表扬。

特别是潮式红烧大鱼翅，沾口滑嘴，浓香入味。翅条粗细均匀，去腥到位，煨汤入味够火候，翅条柔软，蛋白质充足，营养极高，是强身壮骨的好菜肴。

那吴再祥师傅是如何烹得好鱼翅的呢？在这儿就让我来道给你听。

在大潮汕，过去吃鱼翅都喜欢选用大副干身明翅，也即海虎鲨鱼的翅翼，通过泡水、煮沸、洗沙、再泡水、煮沸这么一个反复过程。在翅翼通

陶芳酒楼在民国时期报纸上的广告

过泡水煮沸的漂洗去味过程中，翅身松软膨胀了，再用小刀挑去内骨和废肉。下一步是勤换水，勤煮沸，最好是几小时一次，中间多放点姜、葱、酒，达到去腥味的目的。

　　进入红炖时，要备足盖肉料如老鸡、排骨、肉皮、猪脚等。通过把发好的鱼翅、老鸡、排骨等飞水捞缩，放入配备好的大砂锅，竹箎垫底，再放入盖肉料，二汤注入盖过肉料，先旺火再慢火炖6小时至8小时，或许再

陶芳酒楼内部

长一些，直至翅条软柔，能中间挑起下垂为好。吃用时咸淡合适，配上芫荽、浙醋便好。

烹得如此美味的潮菜大师，却默默无闻，他是何方人士呢？地理上的潮州市，地处韩江流域，在意溪镇至归湖镇中间位置有一村落，叫鹿山村，人口不多。吴再祥师傅就出生在此村落，属意溪人。

谁都不知道他什么时候学厨，连他儿子都未必清楚，潮州人当厨师的关系早就明确了，都是因族群和姻亲联着，在此不表了。

只记得吴再祥师傅公私合营后在中山公园茶室主理炒卖，让游园者能够赏景后再品味潮菜魅力。休闲安逸的环境，国营体制的有序工作时间，让吴再祥师傅在中山公园茶室过着让人羡慕的工作与生活。

"人定胜天"只是精神上的鼓励语，那一年，不可抗拒的强台风将很

陶芳酒楼现状（黄晓雄摄于 2020 年）

多建筑物刮倒，中山公园茶室也难以幸免，无可奈何之下，中山饭店的领导只好把吴再祥师傅调到新兴餐室主理小炒卖。

你别小看这新兴餐室，虽然是小吃店，但它的功能让你意想不到，除了日常的牛肉丸、炒糕粿、煎蚝烙经营之外，小炒卖也是餐室的亮点。

曾经有过很多名师都在这餐室工作表演过，除了吴再祥师傅之外，也有李锦孝、胡金兴、蔡和若、蔡希平、吴亚猪、朱贵溪、孙秋添等人。

此后刘绍雄师傅、何国忠师傅也先后来到新兴餐室主厨小炒或酒席，真是一个卧虎藏龙的小店。

我的同门师兄弟胡国文先生1973年由饮食服务公司分配来新兴餐室，目睹了吴再祥师傅的潮菜功夫，认为潮菜的传承发展不能忘记一批默默无闻的推手，他们的烹艺功夫不比多少人差，只是他们不善于表现自己，以致被人遗忘了。

是啊，像吴再祥师傅这样的人，也曾为潮菜后学者授过课，如果他的烹艺不精湛，公司会让他去授课吗？

到老市区转一圈，望着中央酒楼、永平酒楼、中原酒楼、陶芳酒楼，修缮了的旧楼让人心安。看到楼群的修缮，突然想起了老师傅们。周木青、张清泉、蔡炳龙、蔡清泉、曾茂镇、朱彪初、李树龙、刘添等师傅，你们在哪里？还有吴再祥师傅，你又在哪里呢？

潮菜的后学者想你们了！

炭炉上大响螺滚出的汤汁流入到炭火中,随之发出吱吱吱的响声。一边忙着烧响螺,一边操刀飞快地切配摆盘,把黄瓜垫在盘底的一边,火腿肉切薄片叠在黄瓜的上面,依次摆上柑橘,在盘沿上形成太极形状。

当响螺烧至焦香味蹿出的时候,马上用竹筷子轻轻挑出响螺肉,又在砧板上迅速修去响螺的硬头部分和螺肠。忍受着响螺的高温烫手,用斜刀法快速内切,把响螺心肉片成薄片,放在火腿拼盘上的另一边,砌上鱼形太极图案,配上梅膏酱迅速上席。

这就是江湖中传说的炭火烧响螺。操作此著名潮菜的厨者,就是柯裕镇师傅。

柯裕镇,潮州市意溪人,个头矮,身材瘦小,看不出是从事饮食业的,和那种满脸油光、肚腩摇坠的伙夫体态根本沾不上边。柯裕镇师傅出生在潮州市意溪镇,让人意外的是他不是我们熟悉的厨师村埔东人,而是镇上的人。

历史上,埔东有多位厨师来到汕头市,其中包括清末已经出名的蔡学诗师傅、蔡清泉师傅、蔡得发师傅、蔡福强师傅、蔡金意师傅、蔡炳龙师

鲅岛宾馆

傅、蔡森泉师傅、蔡来泉师傅、蔡利泉师傅等，他们都是近代大名鼎鼎的厨艺高手。

柯裕镇的母亲是埔东人，和蔡氏宗族有亲戚关系，跟蔡清泉师傅更是有直接亲戚关系，在1949年前便把柯裕镇托付给蔡清泉师傅，由他带来永平酒楼当厨杂工。

天资聪敏、灵气过人的柯裕镇师傅除了师承蔡清泉师傅之外，同时得到蔡金意师傅的功夫传授，日后在技术层面上，我们屡屡能感受到他身上有蔡金意师傅的影子，比如糖腌南瓜，在初加工的处理上，刀削瓜体的角度上就和蔡金意师傅的手法如出一辙。

柯裕镇师傅喜欢抽烟，喜欢抽无过滤嘴的红双喜（喜仔）香烟，一根一根不停地连着抽，几乎不用打火机点着，有时候还真的怀疑他矮小的身材是被香烟熏的（纯属开玩笑）。

这喜欢抽香烟的柯裕镇师傅头脑灵活，巧手善变，心计多端。尽管瘦

修缮后的永平酒楼（黄晓雄摄于 2020 年）

永平酒楼航拍图（黄晓雄摄于 2020 年）

柯裕镇师傅

小，炒鼎的时候还需要踮起脚尖，但他巧借暗力把鼎轻轻一推一拉，菜肴立马翻滚，在他时而轻轻摇晃，时而快速翻炒下完成。

柯裕镇师傅尽管瘦小，但他双手非常灵活，砧板放置的高度影响他操刀，然而并不影响他快速运刀。他善用直刀切肉、平刀片肉、重刀斩块、轻刀剁碎、花刀雕刻，特别是他斜刀内切"炭烧大响螺"的手法，让很多同行师傅目瞪口呆。这"烫手"与"斜刀"不是一天就能炼成的，烹制"炭烧大响螺"的真功夫就在于此。

我是见证过柯裕镇师傅斜切响螺的人。

左手拿刀的柯裕镇师傅

　　柯裕镇师傅尽管身材瘦小，但在菜品的推陈出新上，灵活多变的技术至今让人难以超越。20世纪80年代，我常听到他口中念念有词，然后就在某个菜的基础上又改进了一个新菜，真让人意想不到。比如：酥炸金鲤虾、玉枕白菜、神仙鱼翅、天梯鹅掌、袈裟鱼、佛手田鸡、酿炊鲍鱼盒、彩丝大龙虾、凉拌马蹄鲽鱼。让人看得眼花缭乱，佩服得五体投地。

　　我在汕头市鮀岛宾馆餐厅部工作期间和柯裕镇师傅有过10年的同事时间，虽然不是师徒关系，也可以算亦师亦友吧。

　　回忆那10年与柯裕镇师傅的点点滴滴，我发现柯裕镇师傅除了善于烹制炭烧响螺之外，对响螺相关菜式的烹调技艺也是展现得淋漓尽致。比如厚剪大响螺、薄灼大响螺、上汤响螺片、上汤响螺耙、油泡大响螺、原只炖响螺、橄榄炖响螺等，足以让食客回味无穷。

响螺，在尊古法制的炭烧原理上，柯裕镇师傅用另一种烹调法让大响螺美食绵绵延伸下去。他开创了用鼎上烧的烹调法，把整只大响螺蒸熟后取出螺肉，然后用清水洗刷干净，再放入鼎中调和上汤、姜、葱、酒等调料进行鼎上烧制，完成时气味香足，鲜甘淳朴，既不失味道之原，又达可口和卫生要求。

此种烧法被称为鼎上烧响螺，目前很多人未必懂得此烹调方法。我认为此法的烧响螺是最符合烹调原理的，既符合卫生要求又不失潮菜风味。要注意的是上汤调料是在烹制烧螺的任何时候都不能缺少的。

下面把此味鼎烧响螺做一个举例说明，与读者共享。

鼎烧响螺主材料：大响螺一只约2斤多，生姜、生葱各半两，上汤半斤，川椒二钱，味精、胡椒粉、鱼露、酱油、麻油、白酒、生油适量。火腿约半斤，吊瓜、菠萝、番茄做摆盘。

操作过程如下：

一、大响螺用清水擦洗干净，放入蒸笼蒸熟后取出，螺肉用刷子清洗。

二、把葱、姜切粒，火腿切粒，川椒炒香碾末。

三、烧鼎，注入生油。用鼎将姜、葱炒香放入川椒末再注入上汤，加入其他调料，试味香气十足后把洗干净的响螺放入鼎中，让它焗至入味收干。

四、用吊瓜和菠萝、火腿摆盘，待响螺收干汤汁后带有焦香味，捞起用刀斜切成片摆盘即好。伴上梅膏酱碟。

响螺，深海贝壳类，生长周期比较漫长，据说一只2斤重的响螺生长要10年左右，秋冬最当季。把响螺肉剖开时，螺肉呈现洁白色，洁白里面又透着淡淡黄色。尝鲜味而甘甜，海韵味无限，蛋白含量极高，更有其他营养成分，所以它具有"海中人参"的美誉。

响螺，在潮菜中拥有无可争议的前列位置，每个潮菜厨师都想把响螺做成自己的拿手好菜，但往往事与愿违，原因是他们没有真正读懂响螺。真的，你理解了，你就能做得好，就能让客人满意。柯裕镇师傅做到了。

柯裕镇师傅除了上面两种烧螺法外，白焯大响螺也是拿手菜。在他的烹调下，白焯大响螺也有两种烹法，一为厚剪，一为薄剪。

厚剪大响螺，主要是年轻人比较喜欢。它的特点是弹脆感强烈，鲜味中带咬劲，能满足口舌的快感，慢嚼细品之，回味无穷。

薄剪大响螺，主要是针对中老年人的口感享受。它更显出柔软的韵味，入嘴时带来无尽的美味享受。特别是双飞的刀工让食客目瞪口呆，有如翻开书本瞬间的感觉，精妙绝伦的刀工切配，柯裕镇师傅他是做绝了。

另一方面柯裕镇师傅在烹调响螺时也会特别提醒，火候控制是关键，焯螺的水沸点是关键，落鼎后时间控制是关键，决不能随意。焯螺片的时候，用清水与上汤一定要界定好，判断要准确。

内行看门道，外行看热闹。曾经有很多人都不理解潮菜的魅力，当进入了它的天地，又生出了很多个为什么，有了那么多个为什么后才知道它的重要性。所以在传承潮菜路上，柯裕镇师傅是不能忘的。

『快刀手』方展升

当一班青年人涌进老潮兴街这一条窄小的巷道，跨入一座门庭不大的楼宇中，这便是标准餐室，它注定有故事让你留意。

班长方展升师傅要面临的压力是任何人未能体会的。你可以想象一下，汕头市饮食服务公司决定把一班青年放到标准餐室去学厨，就意味着在管理上要随时应对各种意想不到的情况。作为餐馆的基层管理者，纵有千般万般看法，也无法拒绝上级公司的决定。大国营的年代，决定的权力在上一级，方展升师傅也只能用一副无奈的表情来接受。这是20世纪70年代发生的事。

方展升师傅，普宁洪阳人，什么时候来汕头不详。只是会有人提及他早期跟随父亲在怡茂餐室烹做鱼生，练就一手快刀。

此时的方展升师傅已经人到中年，是标准餐室部门的负责人，也是毛利的直接掌控者。但是面对一群刚踏进饮食之门的青年，看到他们如狼似虎地把经营得到的毛利都吞进肚子里，让他无法向上级领导红星管理店交代，他也只能是无可奈何微笑着而已。

性格相对稳重的方展升师傅是操刀者，肩负着班长的职务，掌控着厨

位于小公园亭对面的怡茂餐室旧址（黄晓雄摄于 2020 年）

房的日常进货，负责日常的准备工作和菜肴出品的调配，包括整个厨房人员休息的安排。

我最欣赏的是方展升师傅的刀法。他运刀如神，常用直刀、平刀、推刀、推拉切等刀法，在均匀和厚薄一致下，"快准薄"的精湛技术表现让人惊叹。特别是极少人用到的推刀法，他能把一条瘦肉用不停手的推刀法，切得又快又薄又均匀。

据说，练就这一身快刀功夫皆因他早年跟随父亲在怡茂餐室经营鱼生，在切点上苦练的，这一点得到他儿子的证实。方展升师傅的儿子方壮仕告诉我，怡茂餐室是他爷爷与其他股东合作经营的，父亲方展升从小就随爷爷在怡茂餐室学厨技。据师兄弟陈汉华先生透露，方展升师傅除了快刀之外，他所切的菜头丝、杨桃丝、姜丝等，都是丝丝如线，极其好看。

最近与一班师兄弟们聊天，聊到蔡培龙、陈伟侨、陈木水3人在1979年参加汕头市商业局岗位练兵比武的切肉比赛，他们3人揽得前三名。陈伟侨说切肉比赛的赤肉有3斤重，最快速度为46秒，大家都惊叹他们的切

方展升师傅

肉速度，而我在惊叹之余想到了方展升师傅。

　　我说你们练就快速推刀法，应该是受到方展升师傅的推刀影响吧，大家都说是的。如果没有方展升师傅的推刀切肉作榜样，今天可能还没人敢用这样的推刀法去参加比赛。

　　方展升师傅是一个不善言笑的人，相当严肃，偶尔他也会冒出粗言笑话来，让你捧腹大笑，笑声连连。

　　我一直在寻找答案，方展升师傅如何从烹制鱼生转变到烹调潮菜？带着疑惑，我询问过他的儿子方壮仕先生。方壮仕先生也是丈二和尚摸不着头脑，他觉得应该是他父亲不喜欢跟他爷爷一辈子做鱼生，加上年轻时性格上的叛逆，才会选择到其他食肆去帮厨。

从资料上来看，他确实跟过名厨张清泉师傅学过厨艺，也的确在怡茂餐室有过多次出入帮厨。直到公私合营后才在饮食公司统一安排下，先后在北方餐馆、怡茂餐室、标准餐室司职于厨工职位。在这段时间他参加过切肉片比赛，一斤半肉用时50秒，夺得第一名，这是他运用推刀法的完美结果。

应该说，饮食上的共通互动，这是早年一些厨师的共同轨迹。后来大国营的人事调动行为，为企业之间互相调动工作岗位创造便利。这种环境下方展升师傅转变厨房岗位，获得合理的位置和提升的机会，加上当时的怡茂餐室、标准餐室、飘香小吃店、五福餐室、老妈宫粽球店是一个联店管理的组成结构，于是相互调动就更方便了。

汕头市标准餐室原本是一个潮菜厨师集结地和驿站，随着本市各处和各地区的饮食饭店开业，许多厨师都是从标准餐室调出去的。

从标准餐室调出去的有——

蔡福强师傅调去广州，参加朱彪初师傅创办的华侨大厦潮菜部，后独立在南园酒家创办潮菜部。

蔡得发师傅、陈荣枝师傅调到外马公共食堂主理潮菜出品和点心出品。

刘添师傅调到杏花饭店，掌管厨房的出品。

童华民技师调往汕头大厦，主管楼面服务。（楼面技师主要负责酒席菜肴安排。）

李锦孝师傅调派到北京，参与柬埔寨驻京临时政府的接待服务工作。

罗荣元师傅调到大华饭店，与李树龙师傅主管厨房出品。

杨壁明技师调往大华饭店，为楼面主管。

胡烈茂师傅调往杏花饭店，协助点心师傅出品。

从以上的人事调动不难看出，这样的调动会让标准餐室不可避免地出现人手不足的情况。在这种情况下，自身条件成熟、技术到位的方展升师傅进入标准餐室后，逐步升上主厨和基层管理者，合情合理。

我与1971年厨师班师兄弟们回顾汕头饮食历史，谈到方展升师傅的时候，都说到一个关键点：尽管当年传授厨艺的师傅是李锦孝师傅和罗荣元师傅，但我们都觉得标准餐室的快刀手方展升师傅和炒鼎手魏坤师傅等前辈也是我们的师傅。大家特别认同，他们在汕头市潮菜的历史上，应该留有一笔记录。

达濠人李得文

问过很多人，认识李得文师傅吗？都是摇摇头说不认识。这也难怪，李得文师傅是一个未获得任何技术职称的人，也未曾在饮食江湖上游走过、呐喊过。然而他却是汕头市饮食服务公司一位资深的潮菜烹饪名师。

我认识他的时候，他的耳朵已经失聪了，大家跟他说话时都得大声嚷嚷，他才听得到。因而大家管他叫"耳聋文"或叫"文叔"。

大凡厨房的工种可分为四大部分。配菜砧板、炒鼎煲炉、水台加工、洗碗消毒。原汕头大厦2楼的厨房一样具备这些条件。由于李得文师傅双耳失聪，交流时有一定难度，汕头大厦的厨房便配置一块固定配菜砧板让他切配使用。

他不管天下事，更不管厨房的烦琐事，主要工作是对一些菜肴的原材料进行餐前分解，对出品进行入味腌制，对一些食材和辅助食材进行相互配置。

他操着菜刀，时而平片，时而直切，切粒时轻刀慢剁，剁碎时提刀轻放，速度均匀而不慢。他用独特的玉兰花刀处理猪腰只和猪肚头，是任何人难以模仿的。他会轻刀平挑起肾盂血筋，直刀切线路，斜刀削花纹，进

李得文师傅

而改块泡水，膨胀后如花朵一样，惊煞厨界同行人。

　　汕头市龙湖宾馆早期餐厅部需要厨师，被他们调入的潮菜师傅就有"滴丢伯"吴贵雄师傅、柯永彬师傅和陈木水、蔡剑波、蔡三元等人。因生意红火，接待任务繁重，烹调的技术力量远远不够，于是宾馆又向外面抛出橄榄枝，向专才伸手，包括退休人员。名师李锦孝师傅刚好退休，得知这个信息后便邀李得文师傅一同前来龙湖宾馆发挥余热。

　　曾经是龙湖宾馆大厨的陈木水先生后来回忆说，名师李锦孝师傅和李得文师傅加入，一定程度上让龙湖宾馆的菜肴出品有了多味变化。作为刀

左侧大楼为北方餐馆旧址，右侧为西南通酒楼（黄晓雄摄于 2020 年）

手的李得文师傅在潮菜的烹切技术上认真负责，一丝不苟。他配合其他厨手，让潮菜佳肴尽展，让地方风味尽表，让来往的商贾到龙湖宾馆能品尝到特色佳肴。

查找有关资料，让时间回到20世纪30年代，关于李得文师傅的记录是这样：

他是原潮阳县达濠青林乡人，早年在汕头市怡安街的安记饭店、新联升茶楼、外马路的四时春、原北方餐馆、汕头大厦都曾留下他的足迹。特别是在北方餐馆期间，他努力学习北方菜，把南北时蔬结合在一起，变换着出品，又能热情传于后人，这一点，饮食服务总公司都有好评过。

我一直在想，早年从事潮菜工作的潮州市人在汕头市饮食业上已占了半壁江山。一个达濠人能在这众多酒楼食肆中立足，他必定有过人之处。

如今李得文师傅早已淡出了许多人的视线。历史上从事潮菜烹饪的厨师有很多，他们也拥有相当高的烹调技术，获得过高级职称和崇高的荣誉，因此被后人记住。也有更多的人默默无闻地辛勤工作着，技术不错，但是职称和荣誉与他们无关，甚至他们的名字也没人知道。

我们绝对不怀疑李得文师傅的厨艺，他一定拥有高超的技术，只是未能被记住。此书所记录的人，不仅仅是头顶光环的大厨，还有一些默默无闻的烹饪工作者，他们同样应该受到尊重。

斯人已逝，李得文师傅远走天国已多年了，虽然我与他只有过短暂合作的机会，但我知道他是老实人，行为端正，从不与人计较。说话时候，稍厚的嘴唇展开时，是轻声细语。

我记录了，不全面记录了李得文师傅，望大家勿忘记更多的师傅。

炒鼎手——魏坤师傅

从历史的进程来判断，汕头的乌桥岛人应该属于汕头市的原住民。今后乌桥岛有可能被改造，原来的一些面貌可能会失去，一些街道、楼宇、民舍都会失去，想想心里酸酸的。

乌桥岛有一条巷叫振球巷，住着许多汕头的原住民，在老城区居住的人，一提起乌桥岛，就会不约而同地说出振球巷。还有几位饮食同人住在此巷中，有原汕头大厦书记卢秀文先生、汕头大厦原买手翁炳煌，有外马公共食堂点心师张彦生师傅，还有标准餐室的炒鼎手魏坤师傅。

我的从厨生涯中，第一次上门帮人家烹厨就发生在振球巷，是生日宴，有2台桌席。中午的宴席，受到好评，最后得到赏银红包1个，红包内装2元，另加送半筐熟巴浪鱼饭，我高兴极了，因而一直记住。

绕了一圈说乌桥岛，说振球巷，目的是想说说魏坤师傅，因为他曾经是标准餐室的炒鼎手。

魏坤，身高1.8米左右，满头银发，稍瘦的身躯有点驼背，操一口浓厚的潮阳口音，他一生非常喜欢抽烟、喝茶、品酒。1971届厨师班的学员们一聊到"大车叔"魏坤师傅，都会说到他是一个好茶喜酒，更是喜欢抽

魏坤师傅

吸自卷红烟的人。（汕头人称红烟叫D禾标。）

他会把一只茶壶和一泡6分钱的茶，玩弄得有滋有味。一边喝着苦涩的茶汤，一边布置手下人如何工作。你不得不佩服魏坤师傅那空腹喝茶的能耐，胃酸对他来说好像没那么回事，永远对他起不到伤害作用。

特别是早上5点上班，他第一时间把煤炭炉的通风火口用铁钳放大，放上水壶后，才会去更换工作服，系上厨房围裙，然后蹲在高脚竹椅上面，眯着眼睛卷起红烟抽着。有点像睡不醒的感觉，其实他要等到水烧开，喝下第一杯茶后才起身去工作。

乌桥岛全景（黄晓雄摄于 2017 年）

过去接触厨房少，少看到炒菜，特别是小炒一类，那种神奇的翻炒动作，有时候炒鼎中还会蹿出火焰来，让我们这班年轻人看得目瞪口呆。突然间感到这是我们今后的工作方向，心里顿时有了动力。

炒菜师傅，在潮菜的厨房里称为"鼎脚师傅"，当你认识到"鼎脚功夫"的奥妙的时候，你一定会喜欢而且向往着。

初见到魏坤师傅炒菜时，非常崇拜，他有身高的绝对优势，能把炒鼎握得如扇子一样轻盈，翻炒的动作与调和味道的速度非常熟练，让你看后啧啧叹服。

潮汕民间有一句"死砧，活鼎，柴浪笼巡"的俗语，好像是专门针对烹饪行业的，还称自古就有，感觉非常在理。自从看到魏坤师傅的炒鼎后，我觉得炒鼎真是活了，心里便决心把炒鼎功夫学到家。

往往在一日生意的尾声时，会存有一些炒面、炒粿条之类的活未完成。这时候我会递上自己带来的丰收牌香烟，请魏坤师傅休息一下，我来代炒，他便在一旁指导。就这样我的学习领先同学半步。（虽然我并不抽烟，但依然清楚地记得，当年的丰收牌香烟一包是2.8分钱。）

人和事都是讲究一个缘分，同行们可能对魏坤师傅的厨艺有不同看法，这都是那个年代食材上的限制，从而影响烹饪的发挥，在所难免。我因魏坤师傅让我先学半步而得益，一辈子不敢忘。

谢谢你，魏坤师傅！

　　"死砧，活鼎，柴浪笼巡"，这是一句潮汕俗语，它典型地勾勒出潮菜厨房工种的某些特征。虽然有点玩笑的成分，但细心观察，还是有一定道理的。

　　死砧——形容厨房的砧板师傅在菜肴的切配上，能做到整齐划一，厚薄均匀，长短统一，尽管有高超的刀工技术，但在特定环境下，还是会被视为比较机械。所以潮菜师傅们认为这是呆板的一种表现。

　　活鼎——这是指厨房的炒菜师傅在烹制菜肴中具有握勺灵活、翻炒迅速、火候掌控适宜、调料准确、味道出众的表现。说明炒鼎需要灵活的手艺。

　　柴浪笼巡——在潮菜厨房中砧板、炒鼎、笼巡3个重要操作环节中，"笼巡"是要受指挥的。一般受到砧板、炒鼎的安排，笼巡也会根据他们的意思入笼和出笼，在一定范围内也受时间限制。所以相对于砧板和鼎手来说，有一定的呆板性，潮汕土白话中便戏称为"柴浪笼巡"（柴浪是反应慢的意思）。

　　啰啰嗦嗦说了一大堆话，目的是要把一位被人忘记了的炒鼎师傅姚木

姚木荣师傅

荣先生推出来。

我和姚木荣师傅的认识缘于1973年，我去汕头大厦支援时，他快50岁了，在2楼筵席部任主鼎炒手。

尽管已经过去了几十年，后来我和他老人家再无来往，但当年短暂的相处，点滴印象依稀留影。

姚木荣师傅的家在汕樟路与中山路交界处，即原利生火柴厂前，过去叫中山路尾，也称利生前。我的家是中山路与大华路交界处，即福长二路片区。

如碰到上夜班，在下班后，我一定和姚木荣师傅一同骑自行车回家。尽管年龄上有差别，但是一同回家一同交谈的乐趣还是非常浓烈，特别是交谈中提及潮菜，姚木荣师傅更是口若悬河。他向我讲述了汕头大厦和其他酒楼的过去，讲述着各位师傅的性格和烹饪技术，让年轻的我对早年汕头埠的饮食业有一定的认识。

　　那时候，姚木荣师傅每天都会很准时上班，在餐前备料中非常认真，飞水捞洗，预备炆、炖品的前奏，做好半成品的初加工。

　　在调配酱料上，细心品鉴，让味道尽量统一，特别是每天的酸甜浆调配中，他都会调了再调，试了又试，一直调试到酸与甜的适度满意为好。

　　我在编写《饮和食德——传统潮菜的传承与坚持》一书时曾经这样描述汕头大厦的菜肴出品，"汤清能见底，味甘纯入喉，酸甜须统一，炆炖宽大糊，泡炒求紧汁，扣品必整齐，煎炸定酥脆"。以上所指就是当年汕头大厦的师傅们在菜肴出品时，做足了功夫，而为这些菜肴做准备工作的人中就有姚木荣师傅。

　　姚木荣师傅跟我说过："味道统一是很重要的，你如果不注意，时而咸，时而淡，时而酸，时而甜，势必会影响客人的味觉享受，所以在烹制时一定要特别注意，尽量让其在味道上统一。"他这一席话让我一辈子为潮菜味道的一致性费脑而琢磨着。

　　过去汕头市的潮菜厨房虽然是大量的潮州师傅在主理，但也不乏周边其他县城的人士加入，例如澄海人蔡和若、李锦孝，普宁人罗荣元、罗应顺、方展升，潮阳人柯旦、柯永彬、李得文、魏坤、陈霖辉等；当然还有外马公共食堂的"大头伯"姚欣熙师傅，他们在潮菜的历史发展中也奉献出智慧和力量。

　　潮阳县南桂乡的姚木荣师傅也一样，他早年就在永平酒楼当杂工，一路学习烹艺，一生辗转多家酒楼食肆。从早期小公园的百乐门、鸿记行、大中抽纱行、月苑、新月苑，到后来的外马公共食堂、北方餐馆、汕头大厦，这些足迹串联起他的饮食一生。

在这里特别要披露的是，姚木荣师傅曾经在外马路的月苑食肆服务过，该店因经营不善而歇业。后与其他厨者共同出资经营，把原月苑食肆盘下来经营，取名新月苑，也因经营不善而歇业。时代更迭后，相关部门在认定谁是资方业主和店家雇员时，姚木荣师傅险些被认定为是资方人士。后经多次调查确认，最终被认定是店员，这在日后的生活中，免掉了许多烦心事。

在书写若干师傅的故事后，我掩卷而思，一个既陌生又熟悉的影子突然跳出来。姚木荣师傅，一个专职于炒鼎的师傅，该不该在汕头市潮菜的历史上留下一笔？

姚木荣师傅真的是一位潮菜名师，一位炒鼎技术高超的名师。因而我努力地寻找姚木荣师傅的事迹，询问师兄弟陈汉华先生、陈伟侨先生等人，他们都不知道姚木荣师傅后来的去向，只记得当年在汕头大厦工作时，他一直在炒鼎的位置服务到退休。

幸好饮食服务总公司的存档记录了姚木荣师傅的去向，姚木荣师傅于1984年5月退休，于1989年1月20日因病逝世。

我一直在惋惜，姚木荣师傅离开了他热爱的厨师职业，而他所处的年代物质最为匮乏，无法发挥他的技术特长。一位优秀的职业厨师如果没能把自己学到的技术发挥到极致，那将是遗憾的一生。

是啊！遗憾的何止姚木荣师傅一人，曾茂镇、李树龙、蔡和若、李锦孝、蔡森泉、蔡利泉等都是那个年代的亲历者，他们也是带着好多遗憾离开的。

我在《饮和食德——老店老铺》一书中记录了众多名师，用简短的文字评点前辈师傅，在点评姚木荣师傅的时候，用了这一句："认识你时，你是年纪较大的炒鼎师傅，你认真地翻炒，完成每个出品，让味道留香。"

柯永彬师傅 一生傲骨的

1979年，大华饭店的一场烹饪技术表演，各路厨师英雄尽展风采，把遗忘已久的名菜拿来表演，让观摩者啧啧声不断。

参演中有两位师傅同时烹制白汁鲳鱼，其中之一便是柯永彬师傅。

柯永彬师傅打破常规，突破了传统全鱼上席的烹制手法，用完美的刀法将一条鲳鱼修去鱼头、鱼骨，再把鱼肉切成规格一致的长方块，用三丝复盖在白汁上，大家一片议论，褒贬不一。

多年后回忆，对于当时公司一些领导的另类评判，我有着重新审视的看法。鲳鱼改块切口，摆砌整齐，分菜方便而更有讲究，这非常符合高级宴会的要求，让客人得到完美的菜肴时兼顾吃相斯文，避免吃鱼时鱼骨鱼汁溅身。

如今斯人已去，我也不能把这种解读与他交流。是的，关于同个菜肴不同人真的可以有不同理解。

柯永彬师傅，出生于潮阳棉城平东村。典型潮阳口音，出自饮食世家。祖父当年在家乡开桌铺，取名"华珍桌铺"，专门为四乡六里烹制酒席，在当地富有名气。

　　其父亲柯旦自小跟随祖父帮厨,学得一身厨艺,后来独闯来汕,在多家酒楼司厨。认识柯旦先生的人都说他的厨艺了得,在汕头早年厨界中是享有一定声誉的人。

　　都说柯永彬师傅学得厨艺功夫必定与其父亲柯旦有关系,这一点绝对不用怀疑。天资聪颖的柯永彬师傅绝对是一个不满足于现状的人,他内心的强大和对厨艺的理解,在当时同龄人中是少有的。

　　他曾经跟他的儿子说过,除了跟随父亲柯旦学厨艺之外,他在汕头大厦工作时,目睹厨界前辈李树龙师傅的精湛厨艺,因而也拜学了李树龙师傅的功夫，这让他年纪轻轻就能有资本傲视群雄。

20世纪60至70年代，在汕头市饮食服务公司的一帮厨师人员中，柯永彬师傅是较受领导器重的厨师之一。那时候他年富力强，熟悉潮菜的烹制手法，因而经常被派往一些接待机关，为上级首长们烹制潮州菜肴。记得他在20世纪60年代末被派往从化温泉宾馆为中央首长烹制潮州菜肴时，由于厨艺出众，宾馆想把他留住，这在当年是一种荣誉。可惜因水土不服，他只好选择放弃。

汕头市饮食服务公司在20世纪60年代派人去哈尔滨烹饪学校学习时，又选择了柯永彬师傅，让他拥有厨艺大专文凭。学成归来，携带更多的北派烹饪技术，这也是他傲骨骄气的资本。

柯永彬师傅善交际，能利用手中的资源结交社会各路友人，在特定社会环境中运用得当，利益上相互得益而让人们一度有各种说法。在物资紧张的年代，这种能力被称为有本事，当然也险些被误认为资产阶级思想的不正之风，即所谓的"走后门"。

在外马饭店时，他让这种能力得到充分发挥，创造了"刀砧下飞出金凤凰（自行车），缝纫机"的奇迹。在那个年代，这些生活、生产物资都是计划外的商品，属于紧俏商品，有能力搞到手，是会让许多人羡慕的。这也就成为他越发傲气骄人的本钱。

进入20世纪80年代，改革的春风吹拂着汕头城乡各地，位于经济特区的龙湖宾馆建成后需要一批从事餐饮的人才，特别是厨师。据柯永彬师傅的儿子回忆说，他们家祖有一个徒弟叫吴贵雄，别名"滴丢"的厨师先前在龙湖宾馆，刚开业时，由于人手不足，在一次操办宴会酒席时，恰逢柯永彬师傅前去拜访，便邀请柯永彬师傅为其帮忙，当晚的出品佳肴让宾客大加赞赏，更博得时任特区书记刘峰同志的重视，专门到厨房给柯永彬师

龙湖宾馆

傅敬酒，并邀他加入龙湖宾馆。就这样，柯永彬师傅得以进入龙湖宾馆，
为龙湖宾馆的前期工作做足了功夫。

　　1995年我到北京探访朋友时，得益于当年一位香港朋友的请客，我
有幸在钓鱼台国宾馆10楼尝过国级宴席的出品。当晚的酒席菜肴是非常有
特色的，除了一些我们经常听到的名菜诸如佛跳墙、芙蓉鲍片、酥皮洋葱
汤、生炊鲳鱼等，让我一直铭记于心的是他们选用了西餐独立上菜的方
式，而不是中餐整盘上菜后再由服务员进行分解，然后逐位而上。特别是
鲳鱼分解上席的处理，是选择在厨房先行用刀削去鱼头和鱼骨，再改成小
块，分别放入独立盘蒸熟，上席时保持独立而上。越细思越觉得非常符合
高档酒席的分菜法，既合理美观又整洁大方。在钓鱼台国宾馆，他们分块
独立而上炊鲳鱼的时候，我突然想到了1979年汕头市饮食服务公司举行的

技术表演中，柯永彬师傅的白汁鲳鱼用改刀分位而独立上菜的方式，改变了当年整条鱼的上菜方式，是多么类似此时的景况。我随即领悟到柯永彬师傅是一个有前瞻性的人，在20世纪70年代能够使用如此超前的手法，确实是胜人一筹。

本想成为"一方霸主"，完成厨师生涯的夙愿，好诠释他傲骨骄人的人生，但在当时，人事调动的把控权力还在上级单位，饮食服务总公司和商业局不放人的决定让柯永彬师傅也只好无可奈何。

当时龙湖宾馆作为企业出现，要利益的同时也要社会效益，这就要碰撞了。这时候，老制度的用人方式已经和开放的用人政策格格不入，他们唯有改革，再改革，才有出路。

于是乎，一大批潮菜名厨名师如李锦孝、李得文、何国忠、陈木水、陈松华、蔡剑波、蔡三元、许爵钦、陈业辉、黄中煌、林祝浩等人相继拥入经济特区，有的进入龙湖宾馆，有的进入特区各公司，例如特区招待所等。

而选择离开龙湖宾馆的柯永彬师傅在饮食服务总公司的安排下，与公司领导共同率队到深圳市，加入振华大厦餐饮部进行前期厨房的筹备，合同期满回汕头后，发现若干酒楼食肆已经处于承包和出租的状态。

胸怀大志的柯永彬师傅觉得改革开放的条件逐渐成熟，于是毅然决定离开饮食服务总公司，单飞了。柯永彬师傅凭本事先在特区迎宾路头右侧设餐摊，后来又独立在汕樟路与金砂中路高架桥旁开餐馆，取铺号"食是福"。至此，柯永彬师傅独立开创了他自己的饮食天地，也渐渐远离了大家的视线。

几年前的一天，突然有人跟我说柯永彬师傅已经走了，走了好多年了，我顿时有点懵，一时语塞。不知从何说起，虽然柯永彬师傅对于我来说既熟悉又陌生，但他是值得我记录的人。

胡国文先生听说我在写忆一些师傅，悄悄地告诉我柯永彬师傅的儿子柯锡荣在红领路原职防所对面开了一家食肆，取名"合鑫斋"私房菜，生意不错，出品具有乃父之风。

我一直在想，什么是饮食世家，柯永彬师傅家族延绵的饮食情结可否为算呢？柯永彬师傅是个独孤寻味者，让人捉摸不透，但他具有的傲骨骄气在一定程度上应该是值得我们学习的。

有意思的是，我第一天参加工作认识的师傅便是柯永彬师傅、翁耀嘉师傅、王继师傅、张芝茂师傅。今天把柯永彬师傅记录下来，只因他真的是一位烹制潮菜的名师傅。

潮菜元老——蔡希平

1980年，改革之风习习而来，国营的一些制度也随着改革之风逐渐松动，特别是在人事调动上。

汕头经济特区的成立，让经济非常活跃，新成立的酒楼食肆和需要厨师的单位特别多。很多单位就伸手到汕头市饮食总公司挖人，同时开出较高的待遇来诱惑。

汕头市饮食服务总公司在1980至1990年间是经历人事变动最频繁和人事关系最难处理的10年，特别是在厨师、特级厨师的调动上最有难为之处。

元老级厨师蔡希平师傅最终被挽留在饮食服务总公司，因为总公司某些领导发觉如果让蔡希平师傅调走，汕头市饮食服务总公司将再无特级厨师了，便及时做出不放人的决定。最后用老牌新兴餐室的承包权留住了唯一的潮菜元老，特级厨师蔡希平师傅。

随着时间的推移，烹饪潮菜的一些元老级师傅相继离开了，如早些时候的蔡清泉、蔡炳龙、蔡来泉等，到后来的吴再祥、李树龙、刘添、罗荣元、蔡和若、李锦孝、蔡得发、李得文，再到晚些时候的柯裕镇、柯永

蔡希平师傅

彬、吴庆、陈有标等师傅。

　　如今只有潮菜元老蔡希平师傅依然健在，他是唯一见证那个年代的人，特别是20世纪60年代至70年代。我一直想记录他，记录他在那个年代的表现。

　　2018年1月，我与蔡希平师傅和蔡培龙先生相约一聚。相约的那一晚，他说他已经84岁了。虽然身体瘦弱，但精神不错，耳清眼明，谈吐清晰，表现出潮汕人常说的那一句"老来瘦"的健康特征。

　　他说60年前，那时他才20多岁，碰上公私合营刚结束，大华饭店又将开业，他便被安排在大华饭店的厨房，与李树龙师傅、罗荣元师傅等组成一个饭菜班底。就这样，在这60年中他与潮菜结下不解之缘。

他说大华饭店曾经要命名为超英饭店，修了一条路，也想取名超英路，只因当时有"赶英超美"的口号。后来未获上级批准，遂改名大华路和大华饭店。

大华饭店在当时也曾经考虑过烹制筵席，将2楼作为宴会厅，后厨房还专门留有升降井口做传菜箱用。饮食公司也特调派大厨师李树龙来坐镇，只因政治环境和经济条件不允许，后来才放弃。

随后李树龙师傅被调往汕头大厦，罗荣元师傅被调往标准餐室，蔡希平师傅完全独立主持大华饭店的厨房工作，学一身潮菜功夫，终于得到发挥。

1973年下半年，厨师班结束，我与蔡培龙师傅被分配到大华饭店，便与蔡希平师傅结下了4年共事的缘分。在这4年中，经营性的饭菜虽然受食材限制，炒卖和筵席也局限于普通鱼肉，但蔡希平师傅的变通能力非同凡响，让我领略了他的烹艺水平。

记得1974年，受到同事制冰师傅郑壁洲先生的邀请，我与蔡希平师傅前往南海三直街为一富人家烹制酒席。当菜单交由蔡希平师傅调配落实时，特别用心的他根据当时的食材情况，单用一条草鱼就烹制出了3味菜肴：芙蓉酿鱼盒、酸甜菊花鱼、笔筒鱼册。用一个荔枝果挂浆后酥炸，以果蔬瓜菜代替，突破了筵席菜肴的另一可行性。潮菜的变通被淋漓尽致表现出来，让参加宴席的嘉宾赞叹。

1980年后恢复技术职称考级，蔡希平师傅和其他老师傅一样直接获得二级，随后是一级和特级厨师，这在那个年代是少有的，也让饮食界人士无法忽视蔡希平师傅，而且这些荣誉职称和级别让他在培养后学者时有了足够的本钱。

蔡希平师傅的潮菜传承，就是靠烹饪的真功夫，一丝不苟和苦学勤修、千锤百炼的意志。他以不愠不怒，不依不靠，不争不辩，不卑不亢的人生态度一心做饮食，培育他的儿子，培养了众多后学者，让很多人成才。

记得有一次接受电视台采访，他面对镜头，侃侃而谈，说着潮菜的过去，谈着潮菜的未来，特别是对食材的变化，在种植和饲养上他有自己的看法，乱用食物添加剂更让他忧心忡忡。

他举活淋草鱼为例，说过去取材草鱼（鲩鱼）来烹制活淋时，采用的是在沙池塘喂养青草的草鱼，鱼就瘦身，个头不大，肉弹而清鲜。而如今的草鱼是靠饲料喂养，饲料中加增肥剂，把草鱼养得又肥又大，肉感上不弹不嫩，直接影响食材质量。可见蔡希平师傅的细心观察。

他最痛恨的是一些人自诩是潮菜行家，其实是沽名钓誉，对潮菜的烹调一窍不通，甚至误导了很多人，这是会让后人诟病的。

我们一群老厨友曾经围绕着"传统潮菜的传承和延伸"这一话题进行讨论，我一直认为是要靠历代厨师的千锤百炼和文人的资料总结而留下来。蔡希平师傅就是默默无闻锤炼潮菜的厨师，所以我一定要把他记录下来，让后学者对他有一个了解。

2016年底，汕头市餐饮协会改选，蔡希平师傅的大儿子蔡振荣先生顺利当选为会长。潮汕人最是得意莫过于自己业有所成，而且后继有人。蔡振荣先生的成功在蔡希平师傅的饮食生涯中是值得骄傲的。

这才是烹制潮菜的真正元老级厨师。

"白毛李"李鉴欣

烹，火候也。

调，注入酱味料让物料补缺，达到入味的目的，让菜肴完美无缺。

这就是菜肴的最佳烹调方法。

中国八大菜系的任何菜肴，都是烹与调的关系。在整个烹的过程中，任何一种烹调手法都掩盖不了看不见的灵魂所在——鼎气。

还记得第一次站在汕头大厦楼下厨房的炒鼎旁，观看李鉴欣师傅炒菜的场景。只见李鉴欣师傅快速翻炒着带骨的鸡块，面对通红的炭炉，头上流着汗，他还是全神贯注地不停翻炒着。我站在一旁，轻声问着李师傅，好了吗？李鉴欣师傅却不以为然地说："不，鼎气未到。"然后继续猛炒。

事后他跟我说，不管焖、炖等，事先需要炒的原因是要让味在鼎气上饱和上升而贯穿到食材中，这样才能在随后的焖、炖上入味而气足。那时候，我还是处于懵懵懂懂的学厨时期，更别提对"鼎气"之类的理解了，也就不以为然。

后来记得有一次在鮀岛宾馆餐厅厨房里，我看到柯裕镇师傅因为一个

李鉴欣师傅

焖酱香狗肉的菜肴恼火得喃喃自语，非常不满，原因是他看到手下人在炒的过程中太随意，鼎气未足就过早注入生水，而达不到焖的前期目的。

柯裕镇师傅说道，一个菜肴在焖炖的时候，前期炒的目的是让味料在气体贯穿下入味，要炒至鼎气足才能让入味，故此才有"气不足，味不入"的说辞。

此后我才慢慢地领会到"鼎气"的关键所在，在往后的一段时间里，我就这"鼎气"去寻找它的存在理由，破解它的烹调密码。

厨师兄弟王月明先生跟我们说过这么一件事。潮菜名家李鉴欣师傅、蔡炳龙师傅不仅烹得一手好菜，而且两人都在不同地方和不同时间不同程度地学习了拳术，他们的拳脚功夫都很厉害，而且力气过人，能够一人敌多人。故此饮食江湖有很多人传说他们的炒鼎要比其他人的炒鼎重一倍以上，估计这是真的，还说他们的铁鼎都是自己定制的。

我一直在想，过去的人喜欢练点拳术，第一是当家乡族群的利益受到伤害时，大家好去保护；第二也锻炼身体，强壮筋骨，出门时个人也免受到欺负。李鉴欣师傅、蔡炳龙师傅练拳术的目的可能就基于上述原因吧。

哎，绕了一大圈，目的不明，究竟是为哪桩事扯到鼎气和拳头上去呢？其实是我在写完蔡炳龙师傅的故事后，准备搁笔不写了。觉得一切都是啰里啰嗦，无非是过去一些旧厨轶事，操什么心呢？真的，想到此为止吧。觉得老汕头市又不算大城市，城市的酒楼食肆的拥有量又不多，翻来覆去无非就是那么几家店，什么中央酒楼、永平酒楼、陶芳酒楼、中原酒楼、皇后酒楼等。

无奈的是，在写完蔡炳龙师傅后，李鉴欣师傅的影子就跳出来了，挥之不去。

李鉴欣师傅的影子能萦绕在我脑海里不散，你别以为是他握的炒鼎有重量。不是的，这只是一半原因，更重要的是他对菜肴原理上的理解，特别是当年那一句"鼎气"。

很多人已经不认识李鉴欣师傅了，他不知什么时候远离了众人的视线，如今我们也不知他所踪。我查找到他的一些资料，出生于达濠镇赤港的李鉴欣师傅，自小时随家乡人来汕头，先在一些茶楼、食肆当服务生，事后发觉更应该去学习厨艺，于是先后在老城区升平路的集祥饭店、捷茂饭店、林坤记茶楼司厨，此后频频在厨工、服务生、厨师的位置交替互换。特别是在怡安街新联升酒楼、中山一横路的新随园酒家、民族路的朱

鮀江旅社，原名中原酒楼、明芳酒楼（黄晓雄摄于 2020 年）

培记茶楼当上厨师后，技术上大有长进。

时代更迭后，他过上了比较稳定的生活，工作上更灵活。公私合营后，他先后在饮食服务公司的调配下到过中山公园茶室、汕头大厦、标准餐室、杏花饭店等。

我与李鉴欣师傅认识，主要是在标准餐室工作的时候，那时他已经调往汕头大厦（永平酒楼）的饭菜部工作。我们经常见到他和潮菜烹调名家蔡和若师傅、陈霖辉师傅、饮食人陈子欣老师等结伴到一些街头名档或者一些老店中去。为了追求某一种味道而相聚探讨，他们也会时常到标准餐室去，找罗荣元师傅、方展升师傅、魏坤师傅聊天。

初见李鉴欣师傅，觉得他有魁梧的身躯，高大，稍有一点驼背，额头饱满，两眼有神。梳向后边的头发已经是银白色的，故此多人称他为"白毛李"。

实话实说，我对于李鉴欣师傅的潮菜烹调技术并不了解，一切的认知只是停留在当年我们对他"有点拳头功夫"的记忆，在有力气的情况下，鼎重如山。他曾经说过的"鼎气"二字，让我一辈子记住了他。

很多人都说他的烹调技术还是过得去的。然而他在国营单位时期，特别是饮食服务公司中，一直处于被边缘化的地位，这一段时间的工作安排可能对他有失公允。直到后来调到汕头大厦2楼酒席部的厨房，才渐显他的烹艺功夫。

或许真的有许多人会说他身上带傲气，再加上会一些武术功夫，经常会有瞧不起别人的出手和工作态度，所以得罪人之事是常有的。任何人都不可能十全十美，而李鉴欣师傅不放弃他对潮菜的追求是个优点。单从他经常与蔡和若师傅、罗荣元师傅、陈霖辉师傅、陈子欣老师等人结伴寻味就可以看出来，他一直在努力。

李鉴欣师傅，你一声"鼎气"，让我记住一辈子。

位于居平路的汕头大旅社

　　"若是娘仔来成双对，我食做半世心也甘，哼哼哈哈一生也开心。"

　　每当有年轻女服务员路过厨房，经过他面前时，他都会脱口而出哼唱这一句潮汕民谣小调，自得其乐。唱这一民调歌谣的人便是汕头大厦2楼厨房的陈霖辉师傅。

　　他是一个能言善辩的人，有时候还会夹杂着一些怪话，像账房老先生一样慢条斯理地开玩笑，跟讲故事一样。他真的会拿捏着一个人的别（花）名，一句玩笑话，有时让人讨厌，有时也会让人捧腹大笑。

　　1981年汕头市饮食服务公司恢复考级，精通潮菜的陈霖辉师傅却与我们一样只得到三级厨师证书，这让许多人觉得不可思议。他火冒三丈，堂堂一个汕头大厦主要厨师，居然与我们这一群小字辈排位在一起，这着实有失公允。他不服，于是去找饮食服务总公司领导论理，领导就是不给他调整。没办法，在大国营年代，体制上的规矩和决定权都在上一级。

　　事后有一些人去探究原因，才知道饮食服务总公司一些领导认为陈霖辉师傅平时怪言怪语太多，要给他一点教训。尽管他拥有相当不错的烹饪技术。这个传闻后来也得到了原饮食服务总公司的副总经理胡钦宏先生的

潮丰酒家

证实。

认识陈霖辉师傅的人都说他的潮菜烹调技术是一流的，曾经与他在汕头大厦共事过的魏志伟师傅这样评价：

他用刀操作稳重，潇洒自如，切配上刀口整齐，速度均匀，主辅食材在搭配上也均衡合理。

他用鼎炒菜，利落干脆，优雅潇洒，火候把控非常到位，调味手法似慢非慢，整个灶台干净卫生有条理。

他在处理菜品的味道上与其他师傅不同，有自己的判断和独到之处，往往会出其不意，让你不得其解，特别是在"吊味"上做足前期功夫，让味道更适口。（吊味，即提味，潮菜烹饪术语。）

据师兄弟刘文程先生回忆，陈霖辉师傅在烹制上也非常注意味道上的突出点。并且举例"煮白跳鱼"时，其他人会加入盐、味精或者芫荽、青葱等，陈霖辉师傅会与众不同地加入青蒜仔丝，他认为这样烹制会直接吊起横向的味道，令味道瞬间表现出来，真的有不一样的感觉。（煮白跳鱼——潮阳人用清水煮跳跳鱼的叫法，陈霖辉师傅是潮阳人。）

我们在标准餐室学厨期间，经常见到他与蔡和若师傅、李鉴欣师傅等利用下班休闲的时间，相约在一起，到处逛一逛，去探视各饮食店的潮菜师傅们，与他们共同探讨一些菜肴的出处、时令、特点，还有烹制需要注意的火候、时间、需求。

　　那个时候我特别羡慕他们这群前辈师傅，羡慕他们相处无拘束，探讨潮菜时无辈分之分。特别是在宵夜小酌的烘托下，真诚坦露。他们会在某一观点相左时争得面红耳赤，也会谈到开心时击掌相庆。

　　1982年，改革开放的政策已经吹遍每个角落，广州某部队顺应形势发展需要，在汕头市原有招待所的基础上，将其扩建为大型多功能的酒家。地处红领巾路与饶平路的交界地，属于广州部队企业的潮丰酒家就在此情况下对外营业了。

　　陈霖辉师傅被潮丰酒家聘去担任主厨，指挥着厨房的一切工作。在这里，他的厨艺得以施展，潮菜功夫得到淋漓尽致的发挥。工作环境改变了，压在心中的怨气也释放了，真是"此处不留爷，自有爷去处"。

　　之前饮食服务总公司在技术职称的评定上委屈陈霖辉师傅，这让他决心离开。虽然在当时，对拥有大量厨师人才的饮食服务总公司来说，这是微不足道的，影响甚微，但此后大家还是觉得这是人才的流失。

　　师兄弟刘文程先生跟我说，在陈霖辉师傅和老厨师蔡金意师傅的共同努力下，潮丰酒家的生意急速上升，出品上变化无穷，让部队首长和用餐顾客都非常满意。

　　师兄弟刘文程先生跟陈霖辉师傅合作过一年的时间，看到陈霖辉师傅的厨艺远远高于很多同龄人。特别是在大型的酒席上，陈霖辉师傅指挥众厨师烹制菜肴时那种从容淡定，有如将军排兵布阵一样潇洒自如。部队在节日加菜或者承办大型宴席时，他安排的菜肴出品相互搭配，在味道上，清淡、酸辣都会相互兼容，让许多外地官兵很满意。

陈霖辉师傅什么时候离开大家，谁都说不清楚。在回忆一些前辈师傅时，忽然觉得陈霖辉师傅在潮菜烹艺中应该有一席之地，特此记录一下。

哎！

与人结交成恩也好，成怨也罢，愿他饮食一生终无悔！

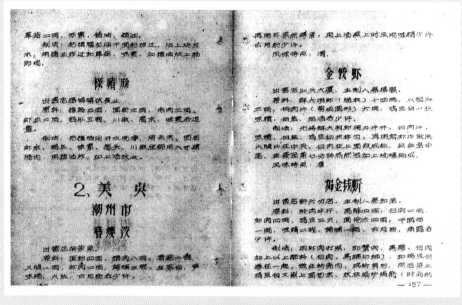

《广东菜点烹调法》，书中潮菜部分为汕头老厨师提供

汕头市

蜊蛛鸡

出售后汕头大厦，主制人蔡福鹏。

沸水淋鱼

清炒意虾

出售后汕头大厦，主制人蔡福鹏。

八宝素菜

出售后国营东门食堂。

芙蓉大鸭

出售后汕头大厦，主制人蔡福鹏。

炸云南鸭

出售后公私合营国际旅馆室，主制人兼得发。

《广东菜点烹调法》，书中潮菜部分为汕头老厨师提供

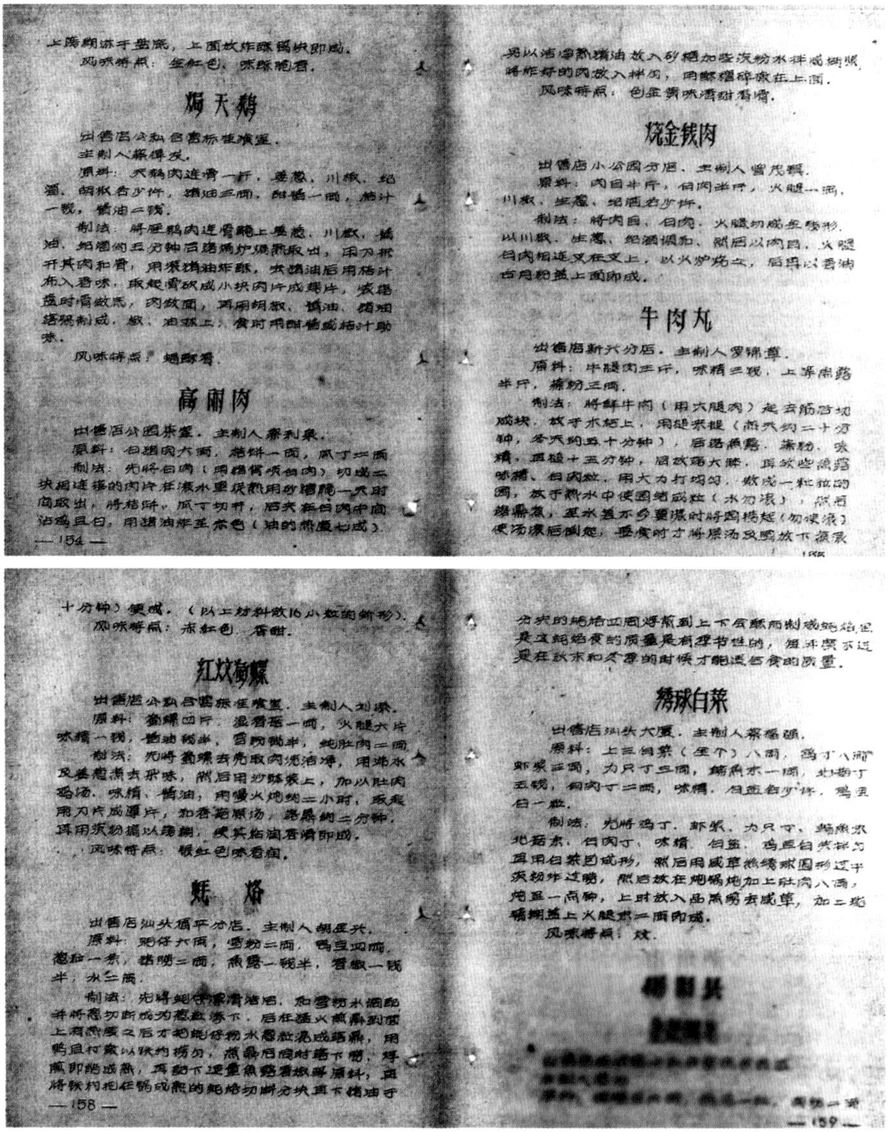
上落糊涂于盘底，上面放炸酥鸭块即成。
风味特点：金红色、味酥脆香。

烧天鹅

出售店公私合营标准餐室。
主制人蔡得发。
原料：天鹅肉连骨一斤，姜葱、川椒、绍酒、胡椒各少许，猪油三两，甜酱一两，桔汁一钱，酱油二钱。
制法：将腌鹅肉连骨腌上姜葱、川椒、酱油、绍酒约三分钟后落焗炉焗熟取出，用刀拆开其肉和骨，用滚猪油炸酥，去猪油后用桔汁淋入香味，取起骨砍成小块肉片成薄片，装落盘时骨做底，肉做面，再用胡椒、酱油、猪油落锅制成，椒、油淋上，食时用甜酱或桔汁助味。
风味特点：甜酥香。

高丽肉

出售店公园茶室。主制人蔡利泉。
原料：白猪肉六两，桔饼一两，瓜丁二两
制法：先将白肉（用猪背项白肉）切成二块相连接的肉片在滚水里煲熟用砂糖腌一天时间取出，将桔饼、瓜丁切开，后夹在白肉中间沾鸡蛋白，用猪油炸至赤色（油的热度七成）

—154—

另以洁净熟猪油放入砂糖加些淀粉水拌成糊状将炸好的肉放入拌匀，用酥糖碎放在上面。
风味特点：色金黄味清甜香脆。

烧金钱肉

出售店小公园分店。主制人曾茂辉。
原料：肉目半斤，白肉半斤，火腿一两，川椒、生葱、绍酒各少许。
制法：将肉目、白肉、火腿切成金钱形，以川椒、生葱、绍酒调和，然后以肉目、火腿白肉相连叉在叉上，以火炉烧之，后再以香油古月粉盖上面即成。

牛肉丸

出售店新兴分店。主制人罗锦章。
原料：牛腿肉三斤，味精三钱，上等鱼露半斤，薯粉三两。
制法：将鲜牛肉（用大腿肉）起去筋后切成块，放于木砧上，用铁条捶（夏天约二十分钟，冬天约五十分钟），后落鱼露、薯粉、味精，再捶十五分钟，后放落大碗，再放些鱼露味精、白肉粒，用大力打均匀，做成一粒粒的圆，放于热水中使圆结成粒（水勿滚），然后落鼎煮，至水差不多要滚时将圆捞起（勿使滚）使汤滚后倒起，要食时才将原汤及圆放下滚汆

—155—

十分钟）便成。（以上材料做16小粒的虾形）。
风味特点：赤红色，香甜。

红炆角螺

出售店公私合营标准餐室。主制人刘添。
原料：角螺四斤，湿香菇一两，火腿六片味精一钱，酱油钱半，雪粉钱半，猪肚肉二两
制法：先将角螺去壳取肉洗洁净，用沸水及姜葱煮去腥味，然后用沙钵装上，加以肚肉鸡汤、味精、酱油，用慢火炖约二小时，取起用刀片成薄片，加香菇原汤，落鼎约二分钟，再用淀粉搞以芡糊，使其格润香滑即成。
风味特点：银红色味香润。

蚝烙

出售店汕头福平分店。主制人胡盛兴。
原料：蚝仔六两，雪粉二两，鸭蛋四两，葱粒一束，猪膀二两，鱼露一钱半，胡椒一钱半，水三两。
制法：先将蚝仔滤清洁后，加雪粉水调配并将葱切断成为葱粒渗下，后在猛火煎鼎到面上有热度之后才把蚝仔粉水葱粒混成薄鼎，用鸭蛋打散以铁钩拨匀，煎鼎后同时落下猪膀，候煎即能成熟，再加下适量鱼露胡椒等原料，再将铁钩把在锅成熟的蚝烙切断分块再下猪油于

—158—

分块的蚝烙四周浮煎到上下层酥而制成蚝烙。但是这蚝烙食的质量是有季节性的，每年只不过是在秋末和冬季的时候才能适合食的质量。

绣球白菜

出售店汕头大厦。主制人蔡福顺。
原料：上三白菜（全个）八两，鸡丁八两虾浆三两，大只丁三两，鳝鱼末一两，北菇丁五钱，白肉丁二两，味精、白盐各少许，鸡蛋白一粒。
制法：先将鸡丁、虾浆、大只丁、鳝鱼末北菇末、白肉丁、味精、白盐、鸡蛋白共拌匀再用白菜包成形，然后用咸草捆绣球圆形过干淀粉炸过腕，然后放在炖锅炖加上肚肉八两，炖至一点钟，上时放入盘里捞去咸草，加二汤芡糊盖上火腿末二两即成。
风味特点：炆。

—159—

《广东菜点烹调法》，书中潮菜部分为汕头老厨师提供

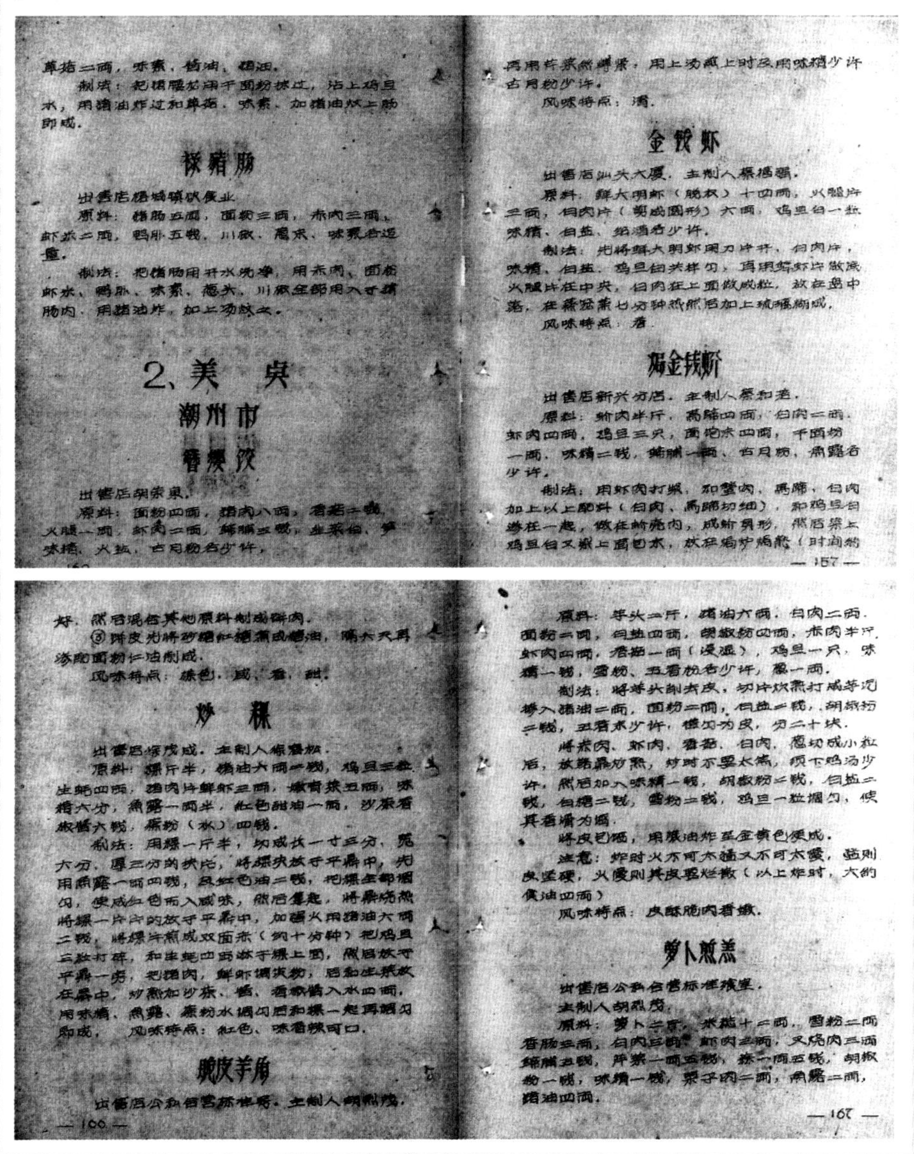

草菇二两，味素、酱油、麻油。

制法：把猪腰加用干面粉抹过，沾上鸡蛋水，用猪油炸过和草菇、味素、加猪油炒上肠即成。

酿猪肠

出售店潮城镇饮食业

原料：猪肠五两，面粉三两，赤肉三两，虾米二两，鸭肝五钱，川椒、葱头、味素各适量。

制法：把猪肠用开水洗净，用赤肉、面粉、虾米、鸭肝、味素、葱头、川椒全部用入于猪肠内，用猪油炸，加上汤煎之。

2、美点

潮州市

香酥饺

出售店胡荣泉。

原料：面粉四两，猪肉八两，香菇二钱，火腿一两，虾肉二两，鲽脯五钱，韭菜白、笋、味精、火盐、古月粉各少许。

再用芹菜丝蟹浆，用上汤煎上时及用味精少许古月粉少许。

风味特点：清。

金钱虾

出售店汕头大厦。主制人蔡福强。

原料：鲜大明虾（脱衣）十四两，火腿片三两，白肉片（剪成圆形）六两，鸡蛋白一粒，味精、白盐、绍酒各少许。

制法：先将鲜大明虾用刀片开，白肉片，味精、白盐、鸡蛋白共拌匀，再用鲜虾片做底，火腿片在中央，白肉在上面做成粒，放在盘中落，在蒸笼蒸七分钟熟然后加上琥珀糊成。

风味特点：香。

焗金钱虾

出售店新兴分店。主制人蔡和港。

原料：蟹肉半斤，马蹄四两，白肉二两，虾肉四两，鸡蛋三只，面包末四两，干面粉一两，味精二钱，鲽脯一两、古月粉、鱼露各少许。

制法：用虾肉打烂，和蟹肉、马蹄、白肉加上以上配料（白肉、马蹄切细），和鸡蛋白渗在一起，做在蚧壳内，成蚧壳形，然后粘上鸡蛋白又撒上面包末，放在焗炉焗熟（时间约

— 157 —

好，然后混合其他原料制成馅肉。

③饼皮先将砂糖红糖煮成糖油，隔六天再渗和面粉仁油制成。

风味特点：赤色，咸、香、甜。

炒粿

出售店煤茂成。主制人蔡春松。

原料：粿斤半，猪油六两一钱，鸡蛋三粒，生蚝四两，猪肉片鲜虾三两，嫩青蒜五两，味精六分，鱼露一两半，红色甜油一两，沙茶香椒酱六钱，薯粉（水）四钱。

制法：用粿一斤半，切成长一寸三分、宽六分、厚三分的块片，将粿块放于平鼎中，先用鱼露一两四钱，及红色油二钱，把粿全部搅匀，使成红色而入咸味，然后拿起，将鼎烧热将粿一片片的放于平鼎中，加猛火用猪油六两二钱，将粿片煎成双面赤（约十分钟）把鸡蛋三粒打碎，和生蚝四两淋于粿上面，然后放于平鼎一旁，把猪肉，鲜虾调薯粉，后和生蒜放在鼎中，炒熟加沙茶、酱、香椒酱入水四两，用味精、鱼露、薯粉水调匀后和粿一起再翻匀即成。 风味特点：红色、味香辣可口。

脆皮羊角

出售店公私合营标准餐室。主制人胡烈茂。

— 160 —

原料：芋头二斤，猪油六两，白肉二两，面粉二两，白糖四两，胡椒粉四两，赤肉半斤，虾肉四两，香菇一两（浸湿），鸡蛋一只，味精一钱，雪粉、五香粉各少许，葱一两。

制法：将芋头削去皮，切片炊熟打成芋泥掺入猪油二两，面粉二两，白盐二钱，胡椒粉二钱，五香末少许，揉匀为皮，分二十块。

将赤肉、虾肉、香菇、白肉、葱切成小粒后，放猪鼎炒熟，炒时不要太焦，须下鸡汤少许，然后加入味精一钱，胡椒粉二钱，白盐二钱，白糖二钱，雪粉二钱，鸡蛋一粒搅匀，使其香滑为馅。

将皮包馅，用猪油炸至金黄色便成。

注意：炸时火不可太猛又不可太慢，猛则皮坚硬，火慢则其皮易烂散（以上炸时，大约食油四两）

风味特点：皮酥脆肉香嫩。

萝卜煎羔

出售店公私合营标准餐室。

主制人胡烈茂。

原料：萝卜二斤，米粉十二两，雪粉二两，香肠三两，白肉三两，虾肉三两，叉烧肉三两，鲽脯五钱，芹菜一两五钱，蒜一两五钱，胡椒粉一钱，味精一钱，菜子肉二两，鱼露二两，猪油四两。

— 161 —

《广东菜点烹调法》，书中潮菜部分为汕头老厨师提供

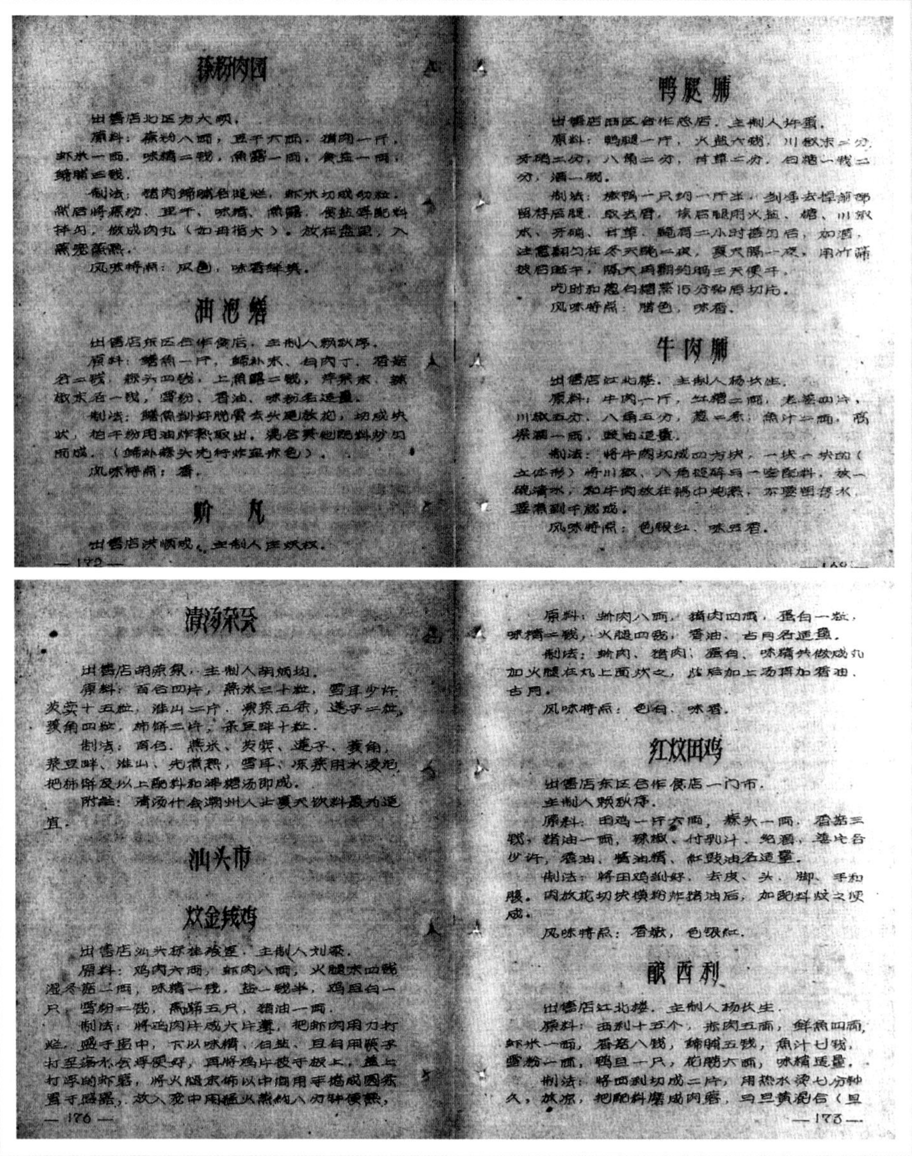

薯粉肉圆

出售店北区为大顺。

原料：薯粉八两，豆干六两，猪肉一斤，虾米一两，味精二钱，鱼露一两，食盐一两，菜脯三钱。

制法：猪肉、菜脯各捶烂，虾米切成幼粒。然后将薯粉、豆干、味精、鱼露、食盐等配料拌匀，做成肉丸（如拇指大）。放在盘里，入蒸笼蒸熟。

风味特点：爽口，味香鲜美。

油泡鳝

出售店东区合作食店，主制人赖秋序。

原料：鳝鱼一斤，鳊朴末、白肉丁、香菇各二钱，蒜头四钱，上鱼露二钱，芹菜末、胡椒末各一钱，雪粉、香油、味粉各适量。

制法：鳝鱼剖好脱骨去头尾放起，切成块状，拍干粉用油炸熟取出，混合其他配料炒匀而成。（鳊朴蒜头先行炸至赤色）。

风味特点：香。

虾丸

出售店洪顺成，主制人庄炳权。

— 172 —

鸭腿脯

出售店西区合作总店，主制人许蜀。

原料：鸭腿一斤，火盐六钱，川椒末二分，牙硝二分，八角二分，甘草二分，白糖一钱二分，酒一钱。

制法：将鸭一只约一斤半，剖净去掉前部留存后腿，取去骨，然后腿用火盐、糖、川椒末、牙硝、甘草、腌约二小时匀后，加酒，注意翻匀在冬天腌一夜，夏天腌一夜，用竹篾披后晒干，隔天再翻约晒三天便干。

吃时和葱白糟蒸15分钟后切片。

风味特点：腊色，味香。

牛肉脯

出售店江北楼，主制人杨长生。

原料：牛肉一斤，红糖二两，老姜四片，川椒五分，八角五分，葱一条，鱼汁二两，高粱酒一两，豉油适量。

制法：将牛肉切成四方块，一块一块的（立体形）将川椒、八角捶碎与一些配料，放一碗清水，和牛肉放在锅中炖煮，不要留有水，要煮到干就成。

风味特点：色银红、味芬香。

— 169 —

清汤杂烩

出售店胡荣泉，主制人胡炳坤。

原料：百合四片，燕米三十粒，雪耳少许，芡实十五粒，淮山二片，冻菜五条，莲子二粒，菱角四粒，柿饼二片，赤豆畔十粒。

制法：百合、燕米、芡实、莲子、菱角、赤豆畔、淮山、先煮熟，雪耳、冻菜用水浸泡，把柿饼及以上配料和冲糖汤即成。

附注：清汤什会潮州人此夏天饮料最为适宜。

汕头市

炊金钱鸡

出售店汕头标准饭店，主制人刘添。

原料：鸡肉六两，虾肉八两，火腿末四钱，湿冬菇一两，味精一钱，盐一钱半，鸡蛋白一只，雪粉二钱，马蹄五只，猪油一两。

制法：将鸡肉片成大片薄，把虾肉用力打烂，盛于盅中，下以味精、白盐、蛋白用筷子打至游水会浮便好，再将鸡片放于板上，盖上打浮的虾胶，将火腿末饰以中间用手捏成圆形置于盛器，放入笼中用猛火蒸约八分钟便熟，

— 176 —

原料：虾肉八两，猪肉四两，蛋白一粒，味精二钱，火腿四钱，香油、古月各适量。

制法：虾肉、猪肉、蛋白、味精共做成丸加火腿在丸上面炊之，然后加上汤再加香油、古月。

风味特点：色白、味香。

红炊田鸡

出售店东区合作食店一门市。

主制人赖秋序。

原料：田鸡一斤六两，蒜头一两，香菇三钱，猪油一两，辣椒、付乳汁、绍酒、姜片各少许，香油、酱油精、红豉油各适量。

制法：将田鸡剖好，去皮、头、脚、手和肠。肉放花切块模粉炸猪油后，加配料炊之便成。

风味特点：香嫩，色银红。

酿西利

出售店江北楼，主制人杨长生。

原料：西利十五个，猪肉五两，鲜鱼四两，虾米一两，香菇八钱，鳊脯五钱，鱼汁七钱，雪粉一两，鸭蛋一只，花腩六两，味精适量。

制法：将西利切成二片，用热水烫七分钟久，放凉，把配料磨成肉糜，与蛋黄混合（蛋

— 173 —

《广东菜点烹调法》，书中潮菜部分为汕头老厨师提供

一生坎坷的
点心大师胡烈茂

　　多年前从汕头电视台看到一档美食节目，介绍潮菜中有一道工序，叫"掠菜碗望"，是指厨房操作性的菜样，当潮菜厨师在根据菜单所需食材进行前期准备工作时，主厨在每一个碗中放入对应的食材，炒菜的师傅"望"见碗里的食材，便知道如何制作，这种前期准备成为一种心照不宣的配合，有利于厨房工作有序地进行。

　　节目中提到胡烈茂师傅是潮菜厨师，在这里必须说明一下。

　　"掠菜碗望"是过去潮菜厨房中厨人皆知的行业术语，目的是方便各工种的识别和上菜的顺序；胡烈茂师傅是特级点心师，并不是电视中所说的潮菜厨师。在此还特别介绍一下市饮食服务总公司早年几位点心大师分别是：胡烈茂师傅、陈荣枝师傅、黄临成师傅。

　　记录胡烈茂师傅，可能会触及某些不愉快的事，但没有胡烈茂师傅的记录，对汕头饮食历史来说或许是不完整的。

　　1971年底，我们被分配到标准餐室学厨时，胡烈茂师傅已经离开了标准餐室，刚好与我们擦肩而过。

　　标准餐室的众多点心师傅，包括蔡茂文、郑则辉、蒲雄生、李耀坤、

胡烈茂师傅

蔡映辉等师傅，均属于胡烈茂师傅的同事和徒弟，我在一段时间内经常听到他们讲胡烈茂师傅的故事。胡烈茂师傅离开标准餐室与创办餐室没有关系，和传说他的出身成分是标准餐室的资方代表也无关系。

若干年后，我在查找一些资料时，无意中发现了关于胡烈茂师傅的一些记录。青年时的胡烈茂师傅是一个比较活跃的人，积极参加一些政治活动，只因站错了队，以致在后来一段时间内屡屡受到冲击。尽管胡烈茂师傅的点心技术是顶尖的，但在那个年代，技术再高也要服从政治上的需要。

时代更迭后，一班饮食人无事可做，他们便找到当时的劳动局，劳动局建议他们先自行解决。于是在大股东张上珍的牵头下，一共有12人，组成了标准餐室的股份企业。其中就有张上珍、胡烈茂、蔡得发、蔡福强、陈荣枝、陈文光、林昌镇、童华民、杨壁明等，所以真正的资方代表应该算是张上珍。

而张上珍在1953年去世，代表经理改为林昌镇，而不是胡烈茂，因而传说胡烈茂师傅是资方代表是有误的。

标准餐室成立于1950年，成立前是小餐室，名为"适逢吃店"。张上珍为首的饮食人士接手后，便改名叫"标准餐室"。由于都是餐饮人士当家，属内行掌控，生意即刻红火。他们原先有约定——"有赚吃饭，无赚吃粥"。好生意给他们带来了好声誉，也带来了积极参与劳动的热情，他们相约全员参加劳动的局面也很快无法持续。

原来他们想依靠全员股东的劳动力经营，但是生意好了，人手就不够用了。于是再次约定每个股东可以带一位亲戚或朋友来参加工作，这就是标准餐室当年的一些创业情况。

1950年至1956年，胡烈茂师傅和陈荣枝师傅负责标准餐室的中式点心和米面制品，所有出品即刻受到欢迎。例如生肉大包、叉烧包、馒头、花卷、炸油条、炸牛舌酥、煎糯米酥盒、标准小米（烧卖）、炸春卷、芝麻花生糖酥饺，再加上早晨的及第粥等。标准餐室的出品一下子就扬名整个汕头市，受到各方美食人士热捧和传颂。

1956年，标准餐室和其他饮食单位一样，公私合营了。自此后大家都并入国营单位，人事上也随时服从组织上的需要而调动，因而有很多股东和师傅因技术出色而被调派往广州或汕头市各餐饮店。（童华民在汕头大厦，蔡得发、陈荣枝在外马公共食堂，蔡福强调往广州华侨大厦，刘添调往杏花饭店。）

　　然而胡烈茂师傅一直在标准餐室不动不调，默默无闻地工作着，同时还要随着历次"运动"而遭受冲击，承受着心理上的压力。随着时间的推移，胡烈茂师傅渐渐远离了人们的视线，也因一些历史原因让大家对他未有深入了解。

　　我知道他是金砂乡里人。金砂乡里人早年除了务农之外，还服务于汕头市的其他工作，金砂乡人的劳务输出大都是去从事汕头市的码头工和搬运工。再者便是饼食、糖点的生产经营，主要是在家里烹制生产后挑送到汕头市区贩卖。一些成为师傅者或在老城区中心一些酒楼食肆服务。金砂乡里人有许多人像胡烈茂师傅一样，在老城区内烹制着饼食糖点和中式点心。

　　潮菜筵席菜肴在搭配上必须有中式点心，因而很多酒楼食肆都会配备中式点心师傅。也即如很多人对"菜点"的叫法一样，菜点菜点，有菜肴必有点心。

　　胡烈茂师傅早年曾经在陶芳酒楼和吴再祥师傅合作过，曾经是该酒楼的点心师傅，也在永和街的极乐素菜馆做过点心师傅，还有升平路的捷茂饭店、木合饭店、乐乡饭店同样做过点心师傅，足见他的中式点心烹制资历与功底。

　　1981年我在鮀岛宾馆餐厅点心部见到胡烈茂师傅，那时候他司任职务是特级点心师傅。此时他的腰背有点驼了，方字脸，下巴有点翘起，头发全是银白色。虽然精神不错，但能看出已饱经岁月的沧桑。

　　汪建邦先生是饮食服务总公司的总经理，是一个非常惜才的上级领导。他深知过往有一些做法对不起有技术含量的老师傅，便想尽办法来弥补过去的不足。当鮀岛宾馆建成时他就亲自去聘请刘添师傅和胡烈茂师傅

20 世纪 50 年代庆祝公私合营老照片

来主理厨、点工作，于是胡烈茂师傅便来了。

胡烈茂师傅在公司的逐步关照下，安排了他原来的大徒弟蔡茂文师傅来协助出品，还特别安排他儿子胡维亮跟班学习，以师带徒形式来学习点心烹艺，特别是中式点心的制作，让他后继有人。

胡烈茂师傅在历史上可能有错，但是也有很多误解，好在历史的车轮在前行的路上逐步修正了轨道。胡烈茂师傅也在这历史轨道上得到矫正，晚年得到的一切技术荣誉职称，便是很好的例证。

2017年元宵节前，有一次老标准餐室的同事们相聚，郑则辉先生悄悄地问我，胡烈茂师傅呢？我说他走了，已经走了许多年了。郑则辉先生听后顿时无语凝噎。

斯人一去不复返，留下烹事飨后人。

"牛肉丸之父"——罗锦章

有人建议，写饮食人，不要单纯写厨房的师傅们，汕头市过去饮食界内比较有名气的一些风味小吃善烹高手也应该写一写。

写谁呢？

论过去的人，认识与不认识的人都有。诸如蚝烙名手林木坤师傅、胡金兴师傅，"炒糕粿大王"徐春松先生，"粽球佬"张德强先生，瓮饼师傅刘依雪先生，牛肉丸高手罗锦章先生。

噢，还是来写写罗锦章先生吧。

你问我认识罗锦章先生吗？当然认识。我与他的儿子罗莫彬先生（别名"老贼"）曾经是同事，在大华饭店和汕樟饭店共事过。罗锦章先生偶尔去找儿子罗莫彬先生的时候我见过他。那时候他已经是一个步入古稀之年的老头，个头矮小，略微驼背，一看就知道是沧桑岁月给他留下的印迹。

我查阅过有关资料，罗锦章先生出生于1904年，家乡是普宁南径，由

罗锦章师傅

于家穷失学，从10多岁就开始拾柴草帮助家计生活，随后又做一些苦力，如搬运工之类。然而他灵活，有生意头脑，于1921年开始在汕头市"挑担落街巷"做牛肉丸生意。

1933年至1934年，他与人跑到上海南京路开了一家菜馆，后由于经商环境与他想象的不一样，难以发挥他的一技之长，他又返回到汕头市。

1934年重新挑起牛肉丸担，同样是走街串巷，呀喝着小生意，渐渐略有积蓄，于是寻得新兴街一家铺面经营。

1947年后，他在新兴街商铺创办自己的商号"罗锦章号"牛肉丸店铺。自此名声大噪，他与他的牛肉丸品牌名扬汕头市的大街小巷。

1956年公私合营后，他与他的"罗锦章号"并入国营新兴餐室，此后经营有了一定规模，开辟出不一样的饮食天地。

20世纪60至70年代，罗锦章先生与很多人一样，在人生上有一段艰苦的岁月。从这段历史来看，人生嘛，该来的，谁都无法躲避。许多人，都是因为经历过风雨，才见得人生精彩。

如何评价过去汕头市的牛肉丸哪一家比较好吃呢？居住在新兴街的人，甚至汕头市人都会说，最好吃的牛肉丸，应该要算新兴街罗锦章先生的。

因而罗锦章先生的名字就常常被人们提及，故而一度说到新兴街牛肉丸就会想到罗锦章先生，说到罗锦章先生就会想到新兴街的牛肉丸。这就是人们常说的口碑传颂。

20世纪60年代中期，汕头市饮食服务公司为了出口牛肉丸，让东南亚各国及中国香港的潮籍乡亲都能吃到家乡的风味小吃，特地召集了以罗锦章先生为首的一班人，由他老人家亲自挂帅，手下的捶丸手有他的儿子罗莫彬，以及吴亚猪、朱贵溪、孙秋添、林卫国、纪耀华、黄中煌、陈业辉、王胜发、吴宏儿等人，专设煮丸者秦汉松。（汕头人称煮丸为"又丸"，意思是不让汤水滚起来，蟹目水慢慢地浸煮。蟹目水即快开不开的水。）

汕头市饮食服务公司专门成立了牛肉丸加工生产班组，经营门店设在新兴街77号。捶打牛肉丸工场设在共和路桂香里勤庐1号，由此吹响了汕头市牛肉丸对外出口的口号。

当时，为什么会选择罗锦章先生的牛肉丸作为出口的标准呢？

因为罗锦章先生的牛肉丸在未公私合营之前，就是以人工手捶和软浆的手法，在软浆中又加入白膘肉丁粒，烹制出一粒粒柔软而弹牙、口感强烈，并且非常滑嘴爽口的牛肉丸，赢得很多人的赞赏和认可。故而一些外出他乡的汕头人，回到汕头市必定会寻找罗锦章先生的牛肉丸来解馋或顺带捎一些回去做手信。

罗锦章先生在捶打牛肉丸时，巧妙地在软浆中加入白膘肉丁粒来增强肉质感，才有了嫩滑柔软的口感享受，让很多人品尝后留下好印象。

由此可以说明罗锦章先生的牛肉丸深入到汕头人的心里去，汕头市饮食服务公司选择罗锦章先生的牛肉丸作为品牌出口，是有一定道理的。

说罗锦章先生的牛肉丸好吃，那你吃过吗？对年轻的一代人来说，应该很多都未曾尝过。

我也未曾吃过罗锦章先生亲自做的牛肉丸，只尝过他儿子罗莫彬师傅做的牛肉丸。改革开放后，罗莫彬师傅单飞了，自己摆摊在共和路桂香里大巷内，做起私家牛肉丸及粿条汤。那时候罗莫彬师傅已离开新兴餐室，带领他的儿子罗水心单干。

我在20世纪70年代初期，曾经跟过罗锦章先生之子罗莫彬先生和徒弟黄中煌先生学习捶打牛肉丸，领略了罗氏牛肉丸的制作方式。罗锦章先生的牛肉丸方子是这样的：取最新鲜的牛腿包肉为主料，白膘肉、鲽脯鱼、鱼露、味精、番薯粉和适量的水作为辅料和调配料，经过认真捶打，让牛肉纤维软化而吐浆，捶打牛肉丸的时候要控制斤两，肉量不宜过多，然后以速度换取时间，保持鲜度和黏性，让纤维不失黏质。

我听陈业辉师傅说过先前街坊有一个传说。汕头市外马路与公园路头交界处有一摊香记牛肉丸，曾经想与罗锦章先生的软浆牛肉丸抗衡。于是香记老板陈添来先生亲自调制硬浆的牛肉丸，目的是可以放在泡粿条面的肉汤锅中浸煮，方便顾客来的时候随时能够吃烫热的牛肉丸。然而硬浆牛肉丸对年长者是一个考验，对喜欢吃多几粒牛肉丸的人也是一个考验。因为硬浆，它会让你咬嚼到牙酸。哈哈！

所以硬浆的牛肉丸除了在汤锅煮沸的汤水中能够浸煮较久之外，口感上任何时候都比软浆牛肉丸差。

罗锦章先生的儿子罗莫彬师傅留下的牛肉丸私家秘方，我凭脑中记忆，略知一点。但比起以前的加工过程，还是有一定差别，主要是原材料和调配料，特别是鰈脯（又叫方鱼，其实是比目鱼的鱼干）被人为改变了，大部分摊点都使用蒜头香去代替鰈脯香，特别是牛筋丸，故而口感上已不一样。

记得有一年，我约了黄中煌先生和陈业辉先生相聚，他们都是罗锦章先生的弟子。他们在谈到罗锦章先生的时候，都承认他老人家在做牛肉这一方面有独到之处。除了牛肉丸做得让人信服之外，罗锦章先生他老人家在熬煮牛腩、牛杂的时候，绝对也是认真的。从清洗牛杂到落锅入炖的过程，他都会根据牛杂的质地选择性分开。在熬煮的过程中，他认真分类，再确定先后，放入锅内。

传说罗锦章先生视牛腩、牛杂的汤汁为生命一样，他说保持原汤原汁留给顾客，是对他们付钱的尊重。罗锦章先生心里还有汤汁的标准，多少牛肉材质熬煮多少汤汁是有尺度的，所谓"贪汤无好味"就是这个意思。

所以在当年，包括伙计谁都不敢去偷喝他的牛腩汤汁，谁偷吃都会被他臭骂一顿，甚至会被卡打（卡打是潮汕话，击打的意思）。在这一点上，很多认识他的老饮食人，包括他的弟子们，诸如吴亚猪、孙秋添、黄中煌、陈业辉、林卫国、纪耀华、吴宏儿、王胜发等深有同感。

汕头市的牛肉丸从最早挑担落巷吆喝着叫卖，到后来摆摊设点，经过了漫长的奋斗史，发展到如今遍布汕头市的任何角落，牛肉丸的加工生产也从手捶的传统方式逐渐改变成机械生产了。生产力提高了，产量增加了，然而味道却变了。原来的调配料之鲽脯大部分已被蒜头香代替，原来的调配料之鱼露也被盐代替了。

很多加工生产者可能都知道其中原因，却因市场价位和需求难以改变。而老一辈的本地人都忘不了过去的手捶牛肉丸，也忘不了新兴街罗锦章先生的手捶牛肉丸。于是乎，又有很多经营者纷纷推出了现场手捶牛肉丸。

罗锦章先生是值得留下一笔记录的，他的敬业精神和对质量的认真态度，特别是他能够做到认真分析牛肉丸的口感，分析出软浆的结构，并且大胆加入白膘肉，提用鲽脯的香气，足以让今天的人们自愧不如。

如今，汕头市的牛肉丸做得风生水起，已经作为汕头市的名片，影响遍及各地。许多生产者或经营者都赚得银两满袋，同时也挣得了许多荣誉。殊不知，罗锦章先生从20世纪20年代初开始，用半个世纪的时间在汕头市捶打这一粒牛肉丸，为牛肉丸的金字招牌作出了巨大的贡献。

我一直在想，是否能在饮食史料记载中为远去的"牛肉丸之父"罗锦章先生留一个位子，让后人也能记住他。

"炒糕粿大王"徐春松

这是很久很久以前的故事……

汕头市有这么一条街，南起外马路，北至中山路，全长1公里多一点。这条街上曾经拥有著名的林厝祠、妇幼医院（公园区妇产医院）。

它曾经是繁华的商业老市区之外的另外一个热闹街区，两边都是骑楼式的楼宇，为人们留下许多值得怀念的民间故事。

熟知这条街以及周边商铺的人们，都会对过去商铺的一些经营如数家珍，诸如百货商店、布铺、糖果商店、裁缝店、五金打铁店、杂货铺、火炭铺、修理锁匙和泡牛肉丸粿条、炒粿、蚝烙等各式饮食摊档。这里就是新兴街。（现称为新兴路，老汕头人依然习惯称为新兴街。）

在新兴街的中间段，有两条横穿街路，一条是由东往西跨越，叫爱华街。爱华街最早的路名叫内马路，是上一段内马路的延伸，1949年后才改称爱华街。

目前的爱华街还有一段路面是崎岖不平的，沧桑岁月掩盖不了远去的故事，特别是有一位左邻右舍皆知的名人，如今还被街坊经常提起。

徐春松师傅

街坊叫他"白兔佬"（真名反而没人知道），他摆着一摊古册（连环图）和几张康乐球台，吸引一些青少年前来看古册，同时也吸引一些稍为年长的人前来打康乐球消遣。

少年时候，我也曾经来到过"白兔佬"的古册铺看连环图，《水浒传》《三国演义》《封神榜》和《西游记》里面的人物吸引着我和许多青少年。我们从中听到正义的呼声，学会贤者的智慧，向往侠客的仗义，领悟榜样的力量。

另一条路，从新兴街的中段向东面方向延伸而直通大华路，命名为共

新兴餐室旧址（黄晓雄摄于 2020 年）

和路。取名"共和"，这应该是跟过去许多有志之士为了推翻旧时制度，建立共和国有关吧？或许是为了某些纪念。

共和路有一家市场，是汕头市比较早入场经营的一家有遮挡风雨功能的肉菜市场，供应着日常的鸡、鹅、鸭、猪、牛、鱼、虾、蟹类和干鲜果及瓜果蔬菜，也有杂咸铺、火炭铺等。这里的一切都是为了方便周边人们日常生活的需要，包括新兴街前后的人群。

当然这里还包括许多街巷，诸如宏豫巷、一德街、三洁四巷、四德街、桂香里………

曾经在一段时间内，人们说到新兴街，自然就会想起新兴餐室，也自然地想到罗锦章先生的牛肉丸和徐春松师傅的茂成炒糕粿。同样的，人们只要说起罗锦章牛肉丸、徐春松的炒糕粿，同样会想到新兴街和新兴餐室。

曾经，许多汕头人出外打拼，回到汕头后想品尝潮汕各种风味小吃，首先会想到的是新兴街的新兴餐室的炒糕粿、牛肉丸、粽球、水晶球、蚝烙等。

新兴街和新兴餐室自然而然就被一群念旧的人永远记住了，于是寻找新兴街的风味小吃也就是必然之事了。

汕头市新兴餐室的主人是谁呢？有一说是徐春松师傅，有一说是罗锦章先生，然而都不是。经过了解，新兴餐室的产权是侨居香港的一位吴姓人士，吴氏远赴香港后，汕头空置了的楼宇被饮食公司承租，公私合营后集几种小吃为一家来经营。

原饮食公司每月都是按时由财务付予吴氏租金，后来租金转交市房管所代为支付。未公私合营之前，罗锦章先生与徐春松师傅各自的门店都是在新兴街的另外摊点，公私合营后才被联合到这一家新兴餐室。

随着年代的变迁，特别是在1956年公私合营后，一切稍有规模的企业、小企业都进入公私合营行列中。餐饮业也不例外，他们把私人经营的各种风味小吃点集中到一家店来经营，新兴餐室便成为其中一家集牛肉丸、炒糕粿、煎蚝烙和日常小炒为一体的食肆。

如此，新兴餐室就是方便外出打拼的人回家乡寻味的一家店铺。很多人回来后都往这里来尝味，自然形成了规律，这才让很多人念念不忘。

汕头市的饮食公司曾经为这一家店铺，专门研究过食品出口的可能性，这才有了20世纪60年代一群人捶打牛肉丸出口的记录。

新兴街是什么时候开通的，暂且不说。今天要说的是这条街至今还存在影响的人物，应该是"牛肉丸之父"罗锦章先生和"炒糕粿大王"徐春松师傅。

今天只想说说"炒糕粿大王"徐春松师傅的饮食人生。

徐春松师傅出生于1916年，潮州市北关人，他与潮菜名师刘添师傅是同乡。早年他随家乡人往返于潮安和汕头市之间谋生，先在一些茶楼食肆做徒工和厨房杂工，勤奋的他一直努力，从而成就了他的饮食一生。

资料上显示如下。

1925—1926年：潮安第五学校读书；

1926—1927年：汕头市美成海源厨杂工；

1928—1929年：潮安吉成饭店杂工；

1929—1930年：潮安合成饭店杂工；

1931—1932年：汕头市和顺昌茶楼杂工；

1933年：汕头市东园饭店杂工；

1934年：汕头市广州饭店杂工；

1935—1936年：潮安合成饭店，店前；

1937年：汕头市广东茶室鼎脚；

1938年：潮安合成饭店，店前；

1939—1940年：潮安枫洋做小贩；

1941—1944年：汕头市炒粿小贩（四德街口）；

1945—1956年：汕头市新兴街茂成店；

1956年后：公私合营后在总店工作至1966年回到新兴餐室。

资料虽然没特别明显地表现出他一直有炒糕粿的行为，但他1939—1940年在枫洋做过小贩的资料，其实就是一些迹象了。

他应该是于1941—1944年在汕头市开始独立做炒糕粿小贩，可能这段时间就是传说中他挑担落巷吆喝卖炒糕粿的时期。

胡国文先生曾经也说过这段故事：徐春松师傅早期独立挑担落巷卖炒糕粿的时候，担担的筐上，一头放一个平鼎炒糕粿，一头放着盘、筷子和酱料。这证实了他当年走街落巷的真实情况，也可见当年的辛苦程度。

徐春松师傅经过努力，略有积蓄，在1945年后租赁了新兴街布店隔邻的一处门店来经营，取名"茂成"商号，从此告别了挑担落街巷经营的方式，相对稳定至1956年。

时代变迁，1956年在政府的号召下，新兴街的茂成店参与入股，此举有积极表现，徐春松师傅同时被聘用为饮食公司副经理，后来还被有关部门嘉奖为红色工商业小业主，担任过汕头市人大代表及区人民代表大会委员，可谓红极一时。

说说他的炒糕粿功夫……

汕头市新兴街的炒糕粿，好吃又特别，糕粿是切成块状去烹炒。这种炒法，除了潮州市的一些地方之外，其他地方是极少见到的。我曾经和众多师兄弟到过潮菜发源地的各个乡镇去寻吃，在金石镇、浮洋镇等地方吃过这样的炒糕粿。特别是在金石镇，尝到不一样口感的炒糕粿，才恍然想到了当年新兴街徐春松师傅的炒糕粿。

炒糕粿有几个环节必须注意：

一、大米的鲜度和水质的甘纯度。

二、粿坯上色腌制时要均匀。

三、慢煎的时候翻面要迅速一致，才能受热均匀。

我记忆中，少年时代跟父亲到过新兴街餐室，吃过徐春松师傅的炒糕粿和胡金兴师傅的煎蚝烙，味道至今已难回想起来。然而他的炒糕粿能有如此影响，必有他过人之处。

参加饮食工作后，我也曾经看过他翻煎炒着一盘糕粿，专注如一，务必使出品质量如一。

曾经在新兴街餐室工作过的胡国文先生回忆，徐春松师傅在炒糕粿时是特别认真的，他要求糕粿块状大小一致，上色均匀，煎炒时对每一块粿面的翻炒十分认真，块块要通过他的铁鼎铲，面面要让它酥脆。

他认真搭配好调配料，在区分湿炒和干炒上比任何人都做到位。他烹制出来的糕粿，湿而不水，粉而不干，不到时间和不符合质量要求的话他绝不开卖。尽管外面都排长队了，但他原则上不让步，因而让很多人赞不绝口。

我不由得想起香港有一家"九记牛肉"，他们的认真就是表现在不到时间和质量不达到要求时绝对不提前开卖，我就曾经提早去过，见过这种状况。

徐春松师傅还有另外一张独到的研酱秘方，记录研制沙茶酱和辣椒酱的方法，与他人不一样，相比较更有香气，绝对是他的私家秘方。胡国文先生曾经去咨询过他的后人，徐春松师傅的酱料秘方在何处，家里人也说不清楚了，看来已被他带走，有点可惜。

据潮菜名家李锦孝师傅回忆，他烹制的酱香料，有一些就是当年在新兴街餐室工作时，受到徐春松师傅调酱香影响，这一点胡国文师傅也证实过。

回首徐春松师傅的饮食一生，他在汕头市这几十年的炒糕粿生涯中，匠心不变，专注一件事，永远翻煎着那一盘盘糕粿。

徐春松师傅与罗锦章先生一度因其出品甚佳而成为公众人物，和他们的风味小吃成为大众食品一样，将永远被历史留住。

我想说的新兴街路故事未完，待续……

胡金兴师傅其人

1956年公私合营，民间叫作公家与私人合为一起。

把一些私人企业与公家企业合并为一体，除了有壮大企业的意义之外，更重要的是整合一些资源，有效地推出更好的产品，便于供应市场也便于服务市场。

当年餐饮业也一样，个人愿意与不愿意都要服从安排。原本零散的地方风味小吃摊档，在公私合营的政策下，纷纷加入公私合营体制，走到一起，成为国营饮食主体。

公私合营后，这些企业理所当然地成为国营企业。在那个年代能成为国营单位的职工，绝对是让人兴奋的事。

回过头看看，汕头市当年的餐饮业，除了能烹制酒席菜肴和大众饭菜这些相对大型、可独立为一体的企业如汕头大厦、外马饭店、大华饭店之外，其他均为小型综合性饮食店，如牛肉丸、炒糕粿、泡粿条、泡粿条汤、甜汤、饼家、冰室包括饮用凉水等这一类小摊档。

公私合营后都把它们集中为一体，成为独立店或综合店，如飘香餐室、新兴餐室、北方餐馆、中山饭店。这些被合为一体的零散摊贩的从业

胡金兴师傅

人员，自然就成为国营职工了。

　　曾经在西天巷及周边地方经营的小摊主们，如胡金兴、胡森兴、林锦泉、林木坤、杨老四、罗锦章、徐春松师傅等就是在这公私合营政策号召下成为国营职工的。

　　西天巷，位于老市区升平路段横穿至永和街的一条大巷，按当年道路格局来看，巷道相对宽阔，特别是在横穿至升平路的巷道口上。

　　于是一些摆摊设点的人选择在此巷道上占位经营，便涌现了若干蚝烙摊档，以及无米粿、豆腐花、咸水粿仔和草粿的摆卖摊档。

西天巷

由于这些地方风味比较大众化，且价廉物美，很快吸引了周边一带的人前来品尝，尤其沿江边、沿海边的一些码头工人，他们在这里喝点小酒，尝点风味小吃，歇息聊天。

据说西天巷也由此热闹起来，虽然此等地方并无歌舞升平、醉生梦死的场面，但是普通人家的欢乐情趣还是有的，故而西天巷及周边也曾被戏称为"穷人夜总会"。

据老一辈饮食人介绍，在此摆摊设点煎蚝烙的摊档，由于烹制上认真，把每一鼎蚝烙都煎得外脆内嫩，因而深受欢迎。久而久之，摊主的真名被忘记了，大家只记得"西天巷蚝烙"，"西天巷蚝烙"的名字便由此而来。现在很多年轻人会误认为"西天巷蚝烙"是某一家摊档名，其实不然。

就像新关街的"老妈宫粽球"一样，谁都无法叫出张德强先生的粽球铺号（他的铺号叫顺德号），只记得它紧邻老妈宫，便直接呼叫它为"老

地图上已经找不到"西天巷"的地名了

妈宫粽球"了。

在国营的年代，西天巷蚝烙的各摊点都被公私合营了，因而西天巷蚝烙已经不是指谁谁的了，它不单只是代表当年的各位烹制者，更多是代表汕头市的美食美味。

其实这一句话就更有意义了。在20世纪50年代到70年代，比较集中的美味小吃就有"老妈宫粽球""标准餐室小米""生肉大包""飘香水晶球""蚝烙""五福鱼头炉""怡茂鱼粥""爱西干面""盐埕头猪肠胀糯米""新兴街牛肉丸""炒糕粿"。

这些品种已经不再属于大师傅的个人出品了，而是代表了国营主体店的招牌。

今天，西天巷已经没落，新兴餐室也年久失修而坍塌了。中山饭店也塌了，只留下马路边的一堵墙。西天巷的蚝烙摊档已不知去向，新兴街牛肉丸和炒糕粿也不知其踪了。

城市的美食需要一些记忆，让人们了解饮食历史原来的样子。这个

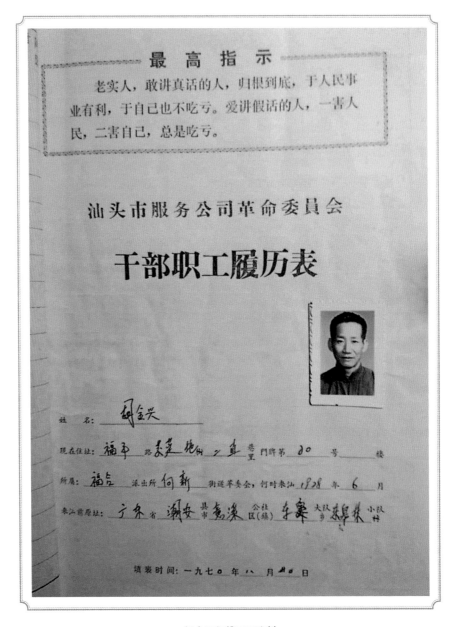

汕头市服务公司革命委员会

干部职工履历表

姓　名：　胡金兴

现在住址：福平　路美美城墙　之巷　巷里　门牌第　80　号　　楼

所属：福合　派出所　何新　街道革委会，何时来汕　1928　年　6　月

来汕前原址：广东　省　潮安　县市　意溪　公社区(镇)　东寨　大队乡　美阜东　小队村

填表时间：一九七０年八月　20　日

胡金兴师傅履历资料

194

时候寻找真正的烹制者是谁就显得尤为重要。带着这个使命，我一直在寻找，寻找西天巷蚝烙的真正烹制者。

记得在1973年，我们一群学厨者到飘香餐室学习煎蚝烙和制作水晶球。飘香餐室的职工介绍说，西天巷蚝烙的烹手有林木坤师傅和杨老四师傅，说他们都是从西天巷的各自小摊点被公私合营并进来的。除了林木坤、杨老四两位师傅外，还有一位更重要的人物，他便是一直隐居在新兴餐室，烹制着香口而酥脆蚝烙的师傅胡金兴先生。曾经与胡金兴师傅共事过的新兴餐室职工胡国文先生证实，胡金兴师傅是当年西天巷蚝烙的合作烹制者之一。历史资料有他与其兄胡森兴、林锦泉组成的西天巷商铺的记录。

至于怎么会在西天巷设立铺号呢？相关资料显示，当年的工商部门觉得在这里的摆摊太零散了，便把他们组合起来，由分散点改设为固定摊点，胡金兴师傅是带头人。据说，胡金兴师傅在论成分的年代里，差点被评为资方一类，好在他据理力争，政府才给他一个小业主的待遇。

公私合营后，饮食服务公司为了布局的合理，把林木坤、杨老四安排到国平路飘香餐室，而特地把胡金兴师傅调到新兴餐室烹制蚝烙。于是，胡金兴师傅便与罗锦章、徐春松、吴再祥等师傅一样，成为国营职工，成为新兴餐室的大师傅。

老实巴交的胡金兴师傅一直辛勤工作，不争人先、甘落人后地在新兴餐室烹制着蚝烙，闲时兼职一些小炒，为各地来店的顾客奉上可口的风味小吃。

以下信息来自我的师弟胡国文先生对胡金兴师傅小女儿的采访：胡金兴师傅在烹制蚝烙的时候，选蚝的标准尤为严格。除了新鲜是首选，个体上粒粒均匀，调和粉浆水必须是用纯净的地瓜粉，在调浆时他还会让浆水沉淀，滤去杂质。在蛋品上，他喜欢选用在海边游走的土鸭所生的蛋，他觉得鸭蛋比鸡蛋的香气更重。再者他对煎蚝烙所用的平鼎的操作也下了特别的功夫。每天开业前必须用磨滑石把鼎底及鼎沿磨滑，使其在香煎蚝烙时受热均匀和翻转容易。

听了以上介绍，不禁感叹当年西天巷的蚝烙那么出名是有其原因的。

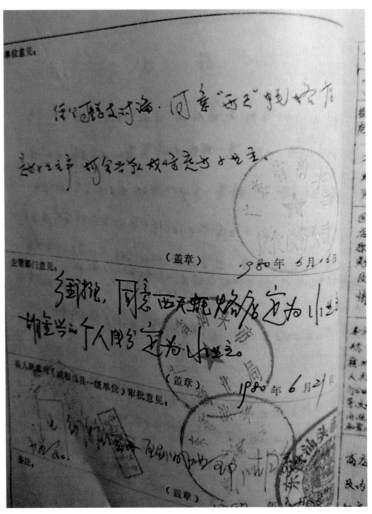

汕头市饮食服务公司资料

据胡国文先生回忆，新兴餐室当年也有小炒卖兼一些酒席。

吴再祥、蔡和若、李锦孝等潮菜名师都曾经在这里大展身手。胡金兴师傅除了把蚝烙煎得好之外，也在这氛围下刻苦学习潮菜的其他功夫，炒鼎、刀工、雕刻样样不落后。据说他也能雕刻得一手好花头，在摆盘上起到点缀作用，让大家刮目相看。

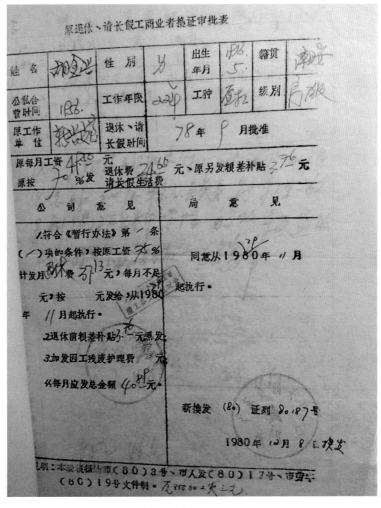

胡金兴师傅的退休审批表

有资料显示，出身潮州意溪镇东郊村的胡金兴师傅，早年随父母来汕头谋生，学习木工手艺，后又跟随其兄胡森兴做流动小摊贩。

随后在一些餐饮店打杂学习厨艺，逐渐成为一名炉（炒）手，先后服务于本市老会馆香合号、至平路合成餐室、居平路璇宫餐室，也曾做过流动摊贩。直到后来在升平路中段的西天巷头经营蚝烙，创出了响彻云天的西天巷蚝烙好名声。

在新兴餐室，我见过胡金兴师傅，观看过其厨艺。说真的，我与他不熟悉，只是跟他的兄长，西天巷蚝烙的合伙人之一胡森兴师傅在大华饭店共事过一小段时间。他们兄弟二人个头都不是很高，在工作时候都有一点斜着头。我推测这可能是长期煎蚝烙养成的习惯，因为正面看蚝烙鼎有烟雾气，只能斜着看，把脖子看歪了，哈哈。兄弟俩相似度极高，他们老了头发都带有银花白了，一副厚道慈祥的面孔。

哎！记录是有难度的，特别是那些已经被混淆视听的事。为了求得真实性，再难也得记，要不然会被人有机可乘了。

历史必须真实，记录者在努力着。

独孤师傅——黄森桂

2018年4月28日，晚上，我们再次约吃饭时，他已经是90岁高龄了。

鸡茸燕窝、白灼大响螺、传统干炸肝花、梅汁炊鳝王等菜肴他一点都没剩，清空似的被他请进了肚内，让坐在一旁的人佩服。人虽老了，但心态绝对不老。身躯有点弯曲，但走路和爬楼梯的速度让你怀疑他的年龄，此老翁就是我常说的黄森桂师傅。

说着过去事，他一脸兴奋，几乎忘记所有人的存在。他说曾经到过莲塘部队为上级首长当过厨师，因家庭的关系，在11个月的时间内连续打报告，申请了3次要回家，最终得到批准。拿着报告到市劳动局，劳动局的"重新安排工作"是叫他再到部队去，不同的是要他去空军部队，弄得他哭笑不得。

他说在部队烹制的馒头与地方不同，部队的馒头不带甜，而潮汕地方的馒头是要带点甜的。根本性的不同是行酵方式，面粉与水酵（走马酵）的比例和纯碱的搭配有先后之分。

此时他悄悄地说，烹制潮汕带甜馒头是酵母面团多过面粉，所以必须提前加入纯碱；烹制部队不带糖的馒头是面粉多过酵母面团，所以纯碱必

黄森桂师傅

须放在后面加入，他要根据面团的行酵效果决定注入纯碱的多少。

哈哈，终于说出了秘密！

他说旅游曾经是他的爱好之一，过去每月有4天休息，他会尽量安排2天去远行或郊游，主要是体验各地的饮食和领略风光，大有踏遍青山人未老之态势。难怪90岁了，身体还如此健朗。

他的祖居地是达濠，沙浦黄氏人家，早年家族在汕头民族路新观电影院隔邻有一门店，经营着鱼丸、鱼饺、粿条面、饭菜等，规模不算特别大，但生意很红火。1956年公私合营后，一切能工作的人员都纳入国营编

外马路与大华路交界处的大华饭店旧址（黄晓雄摄于 2020 年）

制，人事上随时都有调动的可能。

　　1959年他被调到当时刚开张的大华饭店，与先前的厨房人员编在一起，主要工作是炒粿条。他说一生最得意的是放弃学厨而改为学中西点心，理由是不敢杀生。他觉得当厨师要面对很多鸡、鹅、鸭、水鸡、鳝鱼、脚鱼等的杀戮和清洗，因而想想有点后怕。最后他依靠自己的好学，成为中式点心、饼食、糖点的烹制大师。

　　可能有很多人不认识黄森桂师傅，然而在我心目中，他绝对是一个烹制糖点、饼食、面点的高手。

　　制作潮汕月饼中的乌豆沙馅，要经过几道复杂的制作工序和陈久贮藏。特别是他在洗去豆壳时的耐心和熬煮成豆泥时的细心，是其他人不能相比的。他用钢筛网斗洗水豆壳时，手掌轻轻揉磨熟烂的豆肉，让豆泥挤出后再用水洗进桶中。让它静止后，把清水沥去，把豆泥倒入米袋，再用绳子扎紧吊起滴水，真可谓是程序繁多且复杂。

　　他在跟我介绍椒盐饼的制作时，竟然跟罗荣元师傅介绍五香粿肉时一样，都说是敬业精神的一种表现。

点心师在烹制糕点饼食时，会留下一些零碎食料，大有"留之作用不大，扔了有点惋惜"的意思。于是乎聪明的师傅便把它们糅合在一起，加入川椒末和精盐，改变了原来的味道，制作出另一个品种。

记得有一次，他要参加汕头市举办的一次云片糕评比，特意要我为云片糕切片。我问何意，他说看中我的刀工操作速度、切成薄片的均匀度，由我来切云片糕去参加评比的胜出概率更高，可见当年黄森桂师傅对我的器重和认同。

几十年过去了，回忆一些往事，兴奋点太多了。

我悄悄地问黄森桂师傅，他的用工方式，在男生和女生的选择上，更喜欢选择女生，可否解释一下。他轻描淡写地说出一句让人佩服的话："女生上班更准时。"大家听后先是一愣，随后哈哈大笑。聪明，都夸黄森桂师傅真聪明。

是啊，那年代，早上5点上班，男生要起床来工作是很难的，经常迟到或假借有事，难为师傅或管理者了。但女生一般是不会迟到或者旷工的，要不然赵岳英、施碧珍、汤烈英、杨桂英、侯美卿、方佩华等女士会被他收为手下吗？

几十年过去了，想要说的事太多，他说在大华饭店看重我的灵气，一直想收我为徒，只是未提出。他常常带我去帮人家烹制糖点，诸如芝麻豆条、束砂、兰花根、有方等。他让我知道什么是杨梅型，什么是圆筒型，让我掌握了制作糖点的比例和落料的秘诀，让我受益匪浅。

1978年8月，他看到我被调到油樟饭店不怎么顺心，觉得可以向我提出正式跟他学习，便试探性问我跟他学面点和糖点如何。我虽然婉言推辞了，但内心的感动至今不忘。

中间为黄森桂师傅、右一为蔡培龙师傅

　　晚上9点半了，他的小儿子来接他回去。临走前，他转身跟我和蔡希平师傅、罗木亮师傅、蔡培龙师傅说道，有时间多相聚一下，多聊一聊过去的事，会开心的。此时我突然心头一震。

　　是啊！多相聚一下，谈着过去的事，真的会开心。

　　黄森桂师傅，我虽然未曾拜您为师，但您永远就是我的师傅。

怪杰饮食人吴亚猪

最近闲来无事，用手机写了一些随笔，追思了一些汕头市过去饮食店的人物和事件，编成资料留下。

有时候也和摄影家韩荣华先生在汕头市老城区内转悠着，把老市区一些老店老铺的店貌拍摄下来，想留作纪念，或许他日有用途。

当游走到新兴餐室前时，破烂不堪的店容顿时让我鼻头发酸，差点掉下眼泪。站在这面目全非的新兴街餐室的店前，仿佛见到那煎炒糕粿的烟雾飘出，带着特有的粿味香气，让人闻香后久久不愿离开，思绪万千。

那些人呢？那些名小吃呢？罗锦章、罗莫彬、徐春松、胡金兴、吴再祥、孙秋添、朱贵溪等，一帮店主，一帮师傅们在哪里呢？

哦，对了，还有原主任吴亚猪先生呢？

1980年汕头市饮食服务总公司决定恢复一些地方风味小吃，新兴餐室被列为首选。它的主要理由是有3个招牌的地方风味小吃曾经设在此餐室内，一个是"罗锦章牛肉丸"，一个是"徐春松炒糕粿"，还有一个是"胡金兴蚝烙"。

新兴街的牛肉丸、炒糕粿一直以来都是海外华侨青睐的地方小吃。所

左一为吴亚猪先生

以每每有客商游人光临汕头，都必寻味于新兴餐室，但结果是大家都带着遗憾离开。

在那个年代，特定的环境注定一些经营上的可能与不可能，从罗锦章牛肉丸、徐春松炒糕粿无法满足来汕头市的客商们这一点就可以看出。

为了让外地和本市的人能尝到风味小吃，汕头市饮食服务总公司决定恢复这一名店的传统风味小吃。

既然想恢复，派谁去好呢？大家一致推选原基层店主任吴亚猪先生。吴亚猪先生真的是不负众望，很短的时间内就调集了原新兴餐室早期的烹饪人员。他们是罗锦章之子罗莫彬，弟子孙秋添，徐春松的弟子徐松坚。小炒卖部更是把蔡和若师傅父子请来坐镇。新兴餐室的小吃品迅速恢复昨日的味道，一时间让东南亚的华侨、港澳同胞寻味而来、满意而归；当然也让本市各界美食人士领略了过去的味道，因而赢得了一片赞扬声。今天回味过去的新兴餐室，能做到如此成就，吴亚猪先生功不可没。

吴亚猪，饮食江湖上喜欢称呼他为"猪伯"，饮食上的同事们则都是称他为"猪主任"。如果从亲切感上来说，称呼"猪伯"会更好些，那么后面就称吴亚猪为猪伯吧。

身高约1.7米的猪伯，操着一口在汕头市居住久了的普宁人口音，虽然不纯正了，但略带沙哑，音腔非常有磁性。性格上相对平和的猪伯，头脑清醒，反应特别灵敏。他有着一种油嘴滑舌，能够随口回应的顺口溜天才，语言上押韵，快速回应且诙谐自信，让你感觉到玩笑中带有不可挑剔的哲理，你不得不佩服他的反应能力。

不信吗？且听下面一些他说过的流行言语，你便知晓。你只要跟他说拿支烟吸吧，他就会来一句："益前、甲上、土红烟，卷支D禾大家分。"（"益前"是江西烟丝，"甲上"是汕头本土烟丝。）

看到人家偷懒时他的形容是："堵下堵吃政府，企下企吃公社，行下行吃国营。"

诸如此类言语在猪伯身上还真是多多，从言语上，我们也可侧面去了解他，特别是用潮汕方言去解读，则感到更亲切。

"三个字喱爱呾四个国家话"——讽刺那些爱啰嗦说话的人。

"你微死，惦惦咕南洋双喜"——讽刺那些不自量力的人。

"冬虫夏草，无看你，你就走"——这是一句无厘头的话。

"爱戏当面戏，勿背后术目箭"——言语上是背后调情，实际是告诉你做事要光明磊落。

"嘴甜甜背后闸支镰"——指出有些人喜欢当面说好听话，却在背后搞鬼。

"嘴嘟嘟，一讨一大堆"——这可能是潮汕话的顺口溜，属无厘头。

"你勿府，一府就企唔久"——指出做事不要马虎应付，马虎应付的事是不能长久的。

"你勿看我嘴滑滑，但我心内好贡佛"——指出人不能单纯看表现，尽管嘴巴有时说话不饶人，但是心底里还是好的，也有慈善一面。

"酒杯干人轻珊。吃酒松筋骨，生仔肥律律"——酒场上戏语，切不可当真。

"有吃有补，无吃空心肚。补唔着肺，喱补着嘴"——宴席场上劝吃语。

从以上的潮汕顺口溜中，你细嚼慢品就知其言语魅力。

他走到哪里都会被叫一声"猪伯"，他也会顺口而出一句回应的俗语。他这幽默的言语很快拉近人与人之间的距离，同时也能打破尴尬，活跃场面气氛。尽管有时候也会出现这样那样的流里流气或者怪言怪语，但这都不会影响他饮食一生的可敬之处。

猪伯少年时到过惠来县城帮人捶牛肉丸，后辗转来到汕头市，投靠在新兴街罗锦章师傅的牛肉丸店，一直跟他捶打牛肉丸和熬煮牛腩牛杂。由于猪伯脚勤手快，博得罗锦章老爷子的赏识，也学得一身牛肉丸的加工手艺。

1982年，汕头市政府在鮀岛宾馆接待外宾，专门点吃"新兴街牛肉丸"和"炒糕粿"两个地方风味小吃，于是饮食服务总公司急调猪伯前来烹制。在鮀岛宾馆餐厅部2楼厨房，猪伯与徐松坚把牛肉丸煮得弹力无穷，把糕粿煎得香气四溢，味道上让我记忆犹新。也可以这么说，他们这次烹制是我见过的牛肉丸最好，炒糕粿最出色的一次。

随着时间推移，工作环境变化了，个人的意志难免也要跟上时代的步伐。猪伯顺应时势，与大家一样在商海奔走，最后受雇于私人酒楼。随后他的出品也念念不忘地把新兴街"罗锦章牛肉丸""徐春松炒糕粿""胡金兴蚝烙"及"蚝爽"推出，让大家尝到其真实味道，足见他有着根深蒂固的味觉烙印。

斯人已逝味难寻，修旧如旧尽挽求。

借得镜头存旧影，传承路上不停留。

侍应者许来炮先生

一家完整的酒楼主要是由3个方面构成：楼面、厨房、采购。

出品菜肴大部分工作都是交由厨房的厨师，楼面上的各项服务则要交与侍应者去完成。侍应者主要分为楼面经理、知客生（迎宾）和服务生。

今天在完成了过去多位厨师和饮食人的记录后，想一想应该把酒楼食肆的一位侍应者录入到书中来，而且应该有他的正面记录，于是我想到了许来炮先生。

由我来写许来炮先生或许比较勉强，我跟他没有过多的接触，但是我又找不到比他更合适和熟悉的人。虽然有几位长期在酒楼当楼面经理的人也可以写，但总觉得相比较而言，还是许来炮先生的故事比较精彩。

综上原因，不把一生从事酒楼接待工作的许来炮先生叙述一下，真的好像有点欠缺。

我在汕头大厦的2楼厨房工作过，时间虽不长，但总有点记忆和留恋，故此每写到一位师傅时，多少都会扯上一点跟汕头大厦的关系。一晃几十年过去了，许来炮先生与童华民先生、陈捷胜先生在汕头大厦2楼筵席部的楼面上，熟练自如地接待客人的画面依稀可见。尽管许来炮先生多

许来炮先生

年前就走了，到西天极乐世界去了，但他在汕头大厦以及后来在社会流传的一些人生故事我依然有耳闻。

人生转折有时候是被突然的某个行为决定的，因而很多人都不理解，然而下面的情况发生，你就不难理解了。

当年消防大队接到了一个火警电话，便马上派出救火车和大批人员到达报警点汕头大厦，而跑下来迎接消防人员到达2楼厨房的人竟然是楼面服务生许来炮先生。他有点醉醺醺地指着厨房说失火了，经过消防员的认真检查，纯属子虚乌有，让大家虚惊一场。毕竟是汕头大厦，这在当年是影响极坏的一件事，这件事发生后，许来炮先生理所当然受到处分。至于为什么会发生这件事，只有当事人最清楚它的原因。

事件发生后，饮食江湖上有多种猜测。

一、升工资问题。

我们先分析过去升工资的因素，国营年代升工资都是按一定人员比例和表现去分配的，不可能人人有份。于是在评比上会得罪人，这是人为的一件事，想想也符合当年的企业情况。

二、与内部职工发生矛盾。

上级领导在处理上往往会有主观上不公允的情况。许来炮先生可能得不到公正处理，他便想借醉酒之机耍弄一下，以发泄心中不满，只是玩错了方向。

事实上，从事酒楼楼面工作的人，如若能喝点酒那是再好不过了，这里面有许多可以解读，最佳表现是能迅速与客人拉近距离，化解因厨房出品不足的尴尬，而让客人的不满情绪在碰杯时得到化解。

然而许来炮先生因酒量的把握不当而失控，失去理智的时候做出了不利公家又不利自己的蠢事，让很多人摇头叹息。

潮菜天下的汕头市，说久不久，说长不长，但是潮菜师傅在汕头市的地位再怎么重要，也不能忽视酒楼食肆的服务接待者，一样重要。

给大家介绍一下汕头大厦楼面的服务结构，重温20世纪70年代的团队，说说童华民、陈捷胜、许来炮他们在汕头大厦的一些接待方式，便可略知汕头大厦的服务风格，因而更加全面地了解潮菜的过去。

汕头大厦是出品潮菜的主要酒楼，客人的菜肴安排以酒席菜和散客点菜为主，这一部分就必须是楼面接待者安排。他们的熟悉与否和灵活把控是决定能不能留住客人的关键。汕头大厦的童华民先生、陈捷胜先生、许来炮先生都是当年楼面工作佼佼者。

粗略介绍一下，童华民先生是福建永定人，虽不是潮汕人，但他比潮汕人更懂潮汕人。他身材不高且偏圆墩，满脸红光，喝点小酒即兴奋无比。他的兜里永远藏着一张备用菜单，这一张备用菜单是他在点菜时把控厨房出品质量的关键。

他是一个老实人，长期服务于楼面让他有一颗热情待客的心，并且有一定的判断能力，在为客人安排菜肴时他会有多方考量。他不卑不亢，是一位典型的老谋深算的侍应者，还是标准餐室股东之一。

陈捷胜先生有一副壮实的身躯，修剪了平头，脸上永远挂着微笑，在和客人交谈时保持着客气的态度；为客人安排酒席和点菜，在搭配的合理性上会让许多客人信赖和佩服。他是一个不抢风头的人，喜欢退居在第二位。这让很多到汕头大厦用餐的人，首先想到的是童华民先生和许来炮先生，后才会想到此处还有陈捷胜先生的存在。

相对于童华民先生和陈捷胜先生，许来炮先生比较年轻，年富力强。他笑容可掬的面孔让许多人见到他就感到非常舒服。他见到人即先招呼人的习惯，永远是活跃场面的兴奋剂。他的侍应能力和应变能力与童华民先生及陈捷胜先生二人有着截然不同的风格，有不可比性的地方太多了。

潮汕人形容从事商贸活动的人，都喜欢用一些俗话来比喻，让他们对号入座。"点头哈腰挤眉眼，嘴尖舌滑刀子利"，这是形容生意人的圆滑表现。如果把圆滑、客套和大方的招待方式放在酒楼的服务程序上，非常容易讨客人喜欢；知客、懂客和善于安排放在酒楼的侍应上，很容易讨客人满意。

用上面这些形容的句子，放在身高1.8米左右的许来炮先生身上，也是比较贴切的。许来炮先生拥有一副国字脸，下巴有点翘起，说话时语气温和又保持着笑容，这在那个年代的饮食服务行业中绝对是佼佼者。

重温20世纪70年代汕头大厦2楼筵席部楼面的这个服务团队，心里有着说不出的感慨。童华民先生、陈捷胜先生、许来炮先生都走了，如今只有怀念。

改革开放的年代到来，一切都开放了。私人能创办酒楼食肆了，因而需要服务于酒楼食肆的厨师和楼面侍应者也越来越多，特别是那些有楼面经验的人更加抢手。私家酒楼食肆经营者中就有人大胆地开出高工资，诱惑一些还在国营酒楼上班的有服务经验的服务生。

许来炮先生因为在汕头大厦借酒醉演绎了一场谎报火情之事，受到了与工作不相称的待遇而离开了汕头大厦，被闲置了。

开风气之先而创办鮀岛风味馆的纪楚浩先生，捷足先登地把许来炮先生聘请去。私家酒楼的经营手法灵活，他们大胆放手，很快就让许来炮先生有了发挥的空间。他卑躬的态度，让很多人认识到酒楼的不同服务方式。

自此后一段时间内，很多人知道了鮀岛风味馆，很多食客认识了许来炮先生，此后大家都尊称他为"炮叔"。

许来炮先生能做到被大家认可，有两个方面是任何人无法达到的。

一是长期的楼面侍应服务，让他交友广泛，认识很多客人。嘴甜舌滑和热情好客的他又让很多客人愿与他结交为朋友，这就是楼面侍应者能力的表现。

二是在他工作的时间内，他几乎与全汕头市所有知名厨师认识。这与过去国营体制的条件有关，让他有机会与所有厨师共事，让他知道各位厨师的出品风格，菜单搭配起来就得心应手，这一条件是其他任何楼面服务生不能拥有的。

鮀岛风味馆的出色表现让很多人另眼相看了，很多人从鮀岛风味馆看到楼面接待的重要性，许来炮先生一时红遍整个鮀城饮食界。由此很多新创办的酒楼食肆，都争相聘请有经验的侍应者为他们的酒楼服务，给出相当的职位和高报酬，诸如总经理、顾问之类。

曾经和很多餐饮界同行和厨界朋友谈论汕头饮食和潮菜过往的时候，大家都对许来炮先生的饮食人生大加赞赏。一向活跃而笑容可掬的许来炮先生，还曾经很有文艺范儿。原汕头市商业局宣传队的击鼓手就是他，这是师兄弟刘文程先生告诉我的，真让我大叹他的精彩人生，妙哉！

汕头是潮菜延伸发展的地方，能人辈出，酒楼食肆的能干侍应者太多了，杨壁元、杨壁明、郑瑜、郑继绵、林昌恭、蔡童、月如老姐他们都远走了，不知去了何方。虽然只写许来炮先生的一点往事，但我总是想到他们……

回顾一些老店和一些饮食人物，今天我们唯有说一声：许来炮先生，你走好！

「老师」——陈子欣先生

记录了多位潮菜名厨在汕头酒楼食肆的工作表现后，突然想到了一位饮食老师，一位值得很多厨师尊敬的文人。今天想把他也记录进来，让后学者在了解潮菜和潮菜的烹饪者时，也记住一位曾经记载着潮菜历史的文人。他就是汕头市饮食服务总公司的职员，大家称呼他为"老师"的陈子欣先生。

回忆陈子欣先生，必须先谈谈他曾经对我们说过的几个观点，这几个观点一直影响我们当年这一群学厨者。现在回头想一想，还是有许多值得我们去深思的。

一、在论潮菜的发源时，他强调说，历史上有许多说法，虽然不能探究得太多，但是地方菜系的形成必须要有地理环境、历史时间、人文素质等来构成，才能站住脚跟。他认为潮菜的根源从唐代韩愈先生算起是比较合理的。韩愈先生来潮州为官时，带来了一众随从，而随从中必有家厨，家厨会把京城饮食文化与地方饮食文化进行整合。随后经过历代厨师和文人的不断演变和总结，形成了今天独有的潮菜饮食文化。

二、在论述味道的时候，他特别强调味道是有地方性和区域性的。他

陈子欣先生

指出东酸、西辣、北咸、南甜的味觉结构，定位比较准确。然后再用族群的关系，用味觉去确定它们的味道方向。他说色、香、味、形、器的烹调系列中，味道是贯穿厨房出品的主线，是保证菜肴完美的核心。陈子欣老师特别会用文字数据分析味道，然后结合潮菜的特点，说出潮汕海洋文化和田园文化的地方风味特殊性。

三、在论述潮菜与外部菜肴的相互借鉴和渗透时，他强调说，潮菜的形成和壮大都离不开对很多外地菜肴的借鉴和吸收，特别是北菜的像生拼盘。像生拼盘是多样食材组合在一起，有卤熟成形、手工定形、卷圆成形，然后通过刀工切配和修剪、图样的模仿，砌成形态逼真的像生拼盘，这类造型拼盘大部分是从宫廷的御膳房流传出来的。

潮菜的像生拼盘以前是少之又少，多数潮菜师傅在学习摆拼盘时都是模仿北菜的烹制方法的，陈子欣先生分析时认为潮菜拼盘的出现是受到北菜影响，这一点是合理的。

另外他分析西餐的一些菜肴在汕头的影响，如沙律龙虾（生菜龙虾）、炸吉列虾（角力虾）、炸吉列鸡（炸角力鸡）等，又如白汁鲳鱼、炖牛奶鸡球等这些出品，在潮菜中都是借鉴西餐的一些手法，味道上也大受西餐影响。

最近我们去参观彬园警史馆，看到一部关于20世纪30年代汕头的旧影片，大量外国人在汕头活动，这与陈子欣先生的论断是吻合的。1860年设立汕头埠时，英、法、德、美等13国就已经来汕头设立领事馆和商贸处，由此带来了西餐的一些菜肴和食材，让潮菜有机会和它们穿插渗透而出品。

我们认识陈子欣先生是在1972年，他当年经是50多岁了。文人的性格多数是反映在行为上，他优雅的风度，温和的澄海语音，让大家都喜欢听他说话。能够认识他，皆因他喜欢跟一些前辈师傅在一起，特别是和罗荣元、李锦孝、刘添、李树龙、朱彪初、蔡和若、柯裕镇、陈霖辉、方展升、柯永彬、蔡希平、黄祥舜等在一起聊天，喜欢跟他们谈吃，谈潮菜。

那时候我们师兄弟们也经常和这些师傅在一起聊天喝茶，因而经常会遇到他，由此大家对他的印象特别深刻。他不懂烹调技术的实际操作，但他有文化，能用文化去诠释潮菜的前世今生，让师傅们听得入神，大呼过瘾，所以很多人都敬重他。

据说饮食服务总公司原存档上的一些潮菜记录和菜谱资料，都是经陈子欣先生和他的同事们整理形成的，这一点我是绝对相信。

他曾深入去探索历代文人关于饮食的论述，特别喜欢推荐清代大文人袁枚先生的《随园食单》。我喜欢上袁枚先生的《随园食单》就是陈子欣先生推荐的，由此我特别欣赏其中的一个章节，今录之以示后人。

戒苟且——

凡事不宜苟且，而于饮食尤甚，厨者，皆小人下材，一日不加赏罚，则一日必生怠玩。火齐未到，而姑且下咽，则明日之菜必更加生，真味已失而含忍不言，则下次之羹必加草率。且又不止空赏空罚而已也。其佳者，必指示其所以能佳之由；其劣者，必寻求其所以致劣之故。咸淡必适其中，不可丝毫加减，久暂必得其当，不可任意登盘。厨者偷安，吃者随便，皆饮食之大弊。审问慎思明辨，为学之方也；随时指点，教学相长，作师之道也。于是味何独不然？

查找资料，陈子欣先生是澄海县东里镇苏北新光大队人，早年在家乡读书，非常好学，成绩优秀，还习得一手好书法。他早年在家乡小学教过书，后来到过惠阳、丰顺、汕头工作，都是在一些商贸行业当职员，如永安公司等，也曾经在税务部门当职员，主要是制表填单和出纳、会计等。

与饮食扯上关系应该是在1950年12月永安公司与林德光先生等合资经营永和饭店，他到永和饭店当财务会计，由此与饮食和潮菜结下不解之缘。随后至1956年1月，在公私合营的环境下他被调往饮食服务总店，任业务员和资料员，算一般干部，这才让他有机会熟知更多的潮菜和一些事。

在重视成分的年代里，出身问题一直困扰着他。他曾经受过冲击，后来落实政策，饮食服务公司才为他彻底平反，恢复名誉。

平反书写道：

陈子欣先生出身为工人家庭，本人工人。在"一打三反"中错误把他定为漏评的地主成分。后经调查，他父兄在新加坡均属华侨工人，应恢复他为工人的身份。

把他定为伪国民党员也是一场误会。因有鮀浦人陈子欣与其同名同姓，差点把陈子欣先生推到对立面去。

过往已久矣，无奈处，都是人和事。陈子欣先生离开我们多年了，社会各方面都变化了，潮菜的天地已经不是他当年在饮食服务总公司时的天地了，你看呢？

会讲故事的蔡彤先生

闲来回忆，特别是想起一些人一些事，头脑中总会闪现那时候的一些旧影，回响着个别人物的声音。

旧时汕头老城区的标准餐室坐落于老潮兴街8号，隔邻有一家甜汤门店，它隶属标准餐室辖下一个班组，主营着各种适季、适时的甜汤。

平时除了早上有煮豆浆、牛奶之外，日常有清甜百合汤、清甜莲子汤、甜汤清心丸、糕烧白果、熬甜芋蛋（一种衍生在芋头外的小芋仔）、清甜莲角、清甜绿豆爽、乌豆沙鸭母捻等品种，有时候还有乌糖糯米粥和甜芝麻糖干捞面。

标准餐室甜汤门店的员工一早开始磨碾浸透了的黄豆，然后洗去豆渣，取其浆水煮成豆浆。从早上5点半延续至晚上11点半的营业，12点后才关门回家。

当年负责甜汤点的正副班长是陈荣喜先生和杨美婵女士（蔡和若师傅的爱人），职工中有老职工蔡彤先生（人称大鱼伯）、庄妙卿（自称老干部，其实是红小鬼）、黄秀英（黄华庭之妹）、成叔（一个喜欢唠叨的人）、侯爱英（客家人）。

蔡彤先生

　　职工蔡彤先生，另用名叫蔡大鱼，潮州埔东人。按个人猜测，他应该
是服务生出身，对楼面的服务程序和厨房都略知一些。只是当年他已经到
了一定年纪，加上身体虚弱，店里才安排他做一点轻松的工作，卖甜汤牌
子和收银之类，要不然一定另有重任。

　　蔡彤先生除本职工作之外，还有一项特长，会讲古（说书）。特别是
讲起一些历史小说中的故事，有时候他几乎不用看书，竟然能讲得头头是
道。故此大家都觉得他更像是一位书塾的老先生，满腹经纶。特别是在冬
天，他脖子上系着围巾，戴着扁帽子，一副老学究似的气派，而事实上他

也真的是有点文化水平。

有一段时间，我们几个学厨的青年人，上完夜班，总是拖着不愿回家。没有什么目的，只是想听听老先生蔡彤讲古，听他说过去的饮食故事。

他讲《水浒传》，能把小说书中的章节说得很清楚，描写宋江的有10个章回，叙说武松的也有10个章回，三打祝家庄也有10个章回。对于其中的故事，他说得活灵活现，像现实版一样，让听者生瘾，久久不愿散去。

他在讲《三国演义》中的故事时，曹操是重点，一些饮食上的故事也是重点。在说煮酒论英雄的片段时，曹操把"大耳儿"刘备先生说得匙羹掉地，惊魂不定，刚好碰上雷响，刘备先生趁机巧借雷声掩饰而过，才有一句"勉从虎穴暂栖身，说破英雄惊煞人"的名句留下。

他说在特定环境下，魏国的"画饼充饥"和曹操的"望梅止渴"都非常有用，最起码能得到一时的精神满足。他指出画饼充饥是虚构的，而望梅止渴更是虚构中的虚构了，画饼还能看到纸上的饼，望梅只是说说而已。

一则鸡肋的故事是家喻户晓的故事，曹操在喝汤时见到鸡肋，然后自言自语地说着"鸡肋、鸡肋（食之无味，弃之可惜之意）"，被手下人杨修揣测为口令，以致军心差点乱了，气得曹操把手下人杨修杀了。

蔡彤先生讲到鸡肋的故事时，让我也想到我年轻时去牛田洋抓水鸡的事，当年牛田洋属部队管理，有军人站岗。当年牛田洋部队哨兵向我喊口令时，我用一句"抓水鸡"回应哨兵，差点被牛田洋哨兵一枪崩了，原因是口令错了。从以上的口令约定之语，可见军事管理无儿戏。

蔡彤先生讲古的时候，眼神若定，随着语气的轻重、语速的快慢，把书中的情节说得跌宕起伏，人物刻画得栩栩如生，极具画面感。我们这群青年听得入神，听得过瘾，久久不愿离去。后来只要是上夜班，我们便会准备一点夜宵与彤伯共品尝，然后一边饮之一边听之，真舒服。

蔡彤先生除了讲小说中的故事，有时候也会讲一些饮食上的典故。

诸如，"干烧伊府面"的出处，他说这是发生在过去潮州府城的故事。有一位潮州知府爷，姓伊，因过生日，厨师用鸡蛋和面粉做了一道长面线，炒出来后蛋香味极为强烈，得到伊府爷赏识，后人就把鸡蛋面线叫为"干烧伊府面"。至今"干烧伊府面"还流行着，特别是在香港的潮州酒楼，一度是潮菜酒楼的面食代表。

南方水果香蕉做成菜品，如今可能人人会做，然而可能有很多人不知道，这个水果菜品一度被称为"来不急"。

蔡彤先生讲过这样一个故事。原来有一个让人讨厌的县太爷，总想寻找好吃又不要花太多钱的菜。有一天他让厨师做菜，希望不要重复每天的菜肴。厨师一时挠破头皮都找不到什么东西可代替，正当为难时，忽见一束水果香蕉，他急中生智撕去外皮，然后切段块，挂上薄浆放入平鼎中煎至金黄色。起鼎后竟然有着不一样的效果，得到县太爷赏识，因而问此菜叫何名。厨师也聪明，想着做此菜的时候，已经让他着急了。他忽然想到人也有三急，出恭时像香蕉一样，便想戏弄县太爷一下，于是便说它是"来不急"。县太爷听后，反而觉得名字不错，此后便把香蕉呼为"来不急"了。半玩笑的"来不急"由此也传下来了。

香蕉可做菜，这对于当时刚入厨的一群青年来说，听蔡彤先生讲古后，都觉得是天方夜谭，然而此种带有讽刺的故事听起来也觉得有趣。往事如烟，听讲古的往事已一去不复返了。

蔡彤先生走了多年，只有老标准人和我们七一届学厨的厨师才认识他。查找大鱼伯蔡彤先生的有关资料，他早年来汕，先在汕头市长春药行干过杂活，后来到怀安街楼外楼食肆当杂工，由此踏上了饮食之路，并在多家酒楼当过点心工，而更多的是楼面服务。

参照履历表：

1932—1935年，怀安街楼外楼，杂工；

1935—1942年，小公园中央酒楼，服务员兼点心工；

1942—1943年5月，失业在意溪家乡；

1943年5月—1943年8月，兴宁县光华楼，服务员；

1943年8月—1947年，兴宁县植园酒家，服务员及点心工；

1947年—1949年5月，汕头市皇后酒家，服务员；

1949年5月—1949年8月，香港九龙、双龙酒家，服务员；

1949年8月—1950年11月，失业，暂住汕头；

1950年11月—1956年4月，永和饭店，服务员兼点心师；

1956—1960年，汕头大厦，点心师；

1960年3月—1963年，新观饭店，点心师；

1963年后，标准餐室甜汤部至退休。

蔡彤先生读书虽然不多，然而他好说好学，加上天资聪颖，从小就已经熟读《水浒传》《三国演义》《西游记》等小说。由于身体柔弱，加上有肺气喘，一到冬天，围巾一定系上，生怕为寒风所伤。然而他身上有一股你看不到的坚毅力量，特别是在关键时刻，他绝对是奋不顾身。

我在1971年底与他到汕头市郊鮀浦公社蓬洲乡参加物资交流会，当时饮食摊档煮水晶球的锅内油突然溢出，流到炉灶内，随即火光冲天，差一点烧到棚屋上，大家都不知所措。只见蔡彤先生迅速挤过人群，一个箭步，侧身伸出双手，紧握了滚烫的油锅双耳，旋即端出。虽然他的双手被烫伤了，却避免了一场火灾，这在当年实属勇举，至今留在我脑中，印象深刻。

如今我在写一些过去的厨人、饮食人的生平故事时，忽然想到大鱼伯蔡彤先生，挥之不去的是他生动讲古的往事，留下深刻印象的是他舍身救火的形象。

蔡彤先生，他人不曾提起你，我为你记着。

饮食老人陈锡章

胡国文先生悄悄地跟我说，饮食老人陈锡章先生走了。

胡国文先生说最近才从陈锡章先生的家里人口中得知，陈锡章先生走得非常安详自然，时年99岁，他们不称100岁。陈锡章先生的家里人是在办完一切后事才告诉胡国文先生的，说他们不想打扰任何人，一切从简了事。

是啊，2020年碰到新冠病毒的疫情，一切的事情都只能从简。我沉思了好多天了，一直挥之不去的是陈锡章先生他老人家的影子——一位慈祥的饮食老人，我一直在想，应该为他老人家做点什么事呢？

很早很早就认识陈锡章先生了，只是未曾真正共事过。

我到大华饭店工作的时候，陈锡章先生被重新调回中山饭店，我与他擦肩而过。我们曾经在中山饭店3楼的行政办公室中见过，那时候我与蔡培龙师傅偶尔会去拜会当时在中山饭店任书记的肖文耀先生。闲坐时候见过陈锡章先生，那些年他在中山饭店是总事务角色，统筹着一些人员的岗位调配。

几年前，为了寻找汕头市一些饮食店和一些饮食人物的故事，我和胡

陈锡章先生

国文先生、方志锐先生登上陈锡章先生的家，希望能从他老人家的记忆中得到一些有用的史料。再见到他老人家的时候，他刚好95岁，已经是弯腰驼背的样子了。说话虽然慢而断续，但是思路依然活跃和清晰。

在自我介绍的时候，他老人家把我当成蔡培龙了，我说我是钟成泉，他说见过却忘记名字了，真的不好意思。老人家的谦逊让我感到特别亲切。

我们认真地聆听他老人家回忆过去的一些事，他特别提到中山公园餐室的创办。他一清二楚地说出了1955年与许世富主任、吴再祥师傅、蔡利

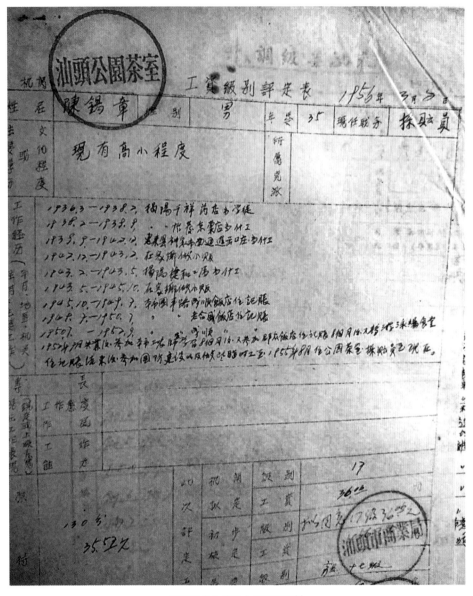

陈锡章先生档案中的简历资料

作者与陈锡章先生的合影（摄于 2018 年）

钦师傅、郑松师傅等7人到公园创办餐室，他是其中之一，职务上他是总财务兼买手。（最初创建时称为中山公园茶室，后改为中山公园餐室。）

中山公园餐室开业后让游园者既能游玩公园又有一处可休闲喝茶和品味潮菜小炒的地方，生意一直不错，在社会上反响热烈，引起了当年主管财贸的李少霖先生注意（李少霖后来是副市长，分管财贸）。随后李少霖先生找到当时的商业局和服务公司的领导们，准备把中山公园前这一片空地交给他们，让他们作建设新饭店的计划，这就是后来的中山饭店。

陈锡章老人告诉我们，汕头饮食服务公司决定建设中山饭店时，又把许世富主任、陈锡章先生等人抽调前来参与筹建，所以陈锡章先生是当年的参与者之一。他老人家详细地为我们解读中山饭店的兴衰，特别说明未建饭店之前，中山饭店原址是一片空地。

20世纪80年代的中山公园茶室（摄影：王瑞忠）

　　他说道：中山公园前这一片空地隶属旧时崎碌范围，在当年还是处于一边是土公路一边是田园的景况。在中山路与公园路交界处，住着很多华坞乡人、春梅里人和金砂乡人，这里是入城到老市区必经之路。

　　侵华日军进入汕头后，发现此处是咽喉要道，便在此处设立进城大门，让所有从这个方向进入老市区中心的人，都必须由此大门进去，以便随时检查，可见当年日本人的心眼。一直到日本投降后，国民党当局才把此大门拆掉，由此留下一片空地。

　　老人家沉思后继续说道：中山饭店建成后，作为综合饭店出现，既有饭菜，又有点心、包点、甜汤，甚至鱼粥，弥补了当时这一街区段落的饮食空缺。生意非常好，特别是节假日，四乡六里来中山公园游玩者，多少都会到饭店吃碗鱼粥或者吃碗甜汤。

他还说道："文化大革命"期间，中山饭店改名工农兵饭店，这可能是受到中山公园内的工农兵塑像影响吧。后来觉得中山饭店的名称并无不妥，又重新改回来。

陈锡章先生是揭阳市北门人，早期读书后在家乡做一些零工。1945年后来汕头市，先后在国平路成顺园饭店和老合盛饭店，永平路群众饭店当记账员，相当于今天的财务。

他是一位入行饮食业却不用动刀勺的人，按过去的说法，属账房先生之类的人物，账房先生便是有文化之人。可能他一生不懂烹调，但是他对于当年汕头市的饮食布局和一些人物还是了如指掌的，这与他的文化程度有关，或者他对饮食界上一些事和人的注意，记忆入脑了。

下面是我们与他老人家交谈的一些记录。

历史上，饮食江湖上流传着在汕头市早期潮菜行业中有一句"天顶雷公，地上许香桐"的话。说的是当年汕头市老永平酒楼的潮菜第一名师许香桐师傅的烹艺功夫是多么了得，甚至武功也了得，但是至今谁都未曾见过许香桐师傅。

我询问陈锡章老先生，见过此人否，老先生默想了一会儿，摇摇头，也不敢贸然否定。他说见过潮州人许响声师傅，他也是一位潮菜名师。许响声师傅是潮州意溪橡埔村人，许香桐师傅也是意溪橡埔村人，曾经有人说过他们是兄弟俩，也可能把许响童误写为许香桐，一字之差，这有一定道理。由于一些资料介绍过许香桐在1937年就离开汕头到泰国，故此一些后来者都未见过。

老人家的记忆是惊人的，特别是对一群潮菜厨师。

他清晰地记得蔡培龙师傅的父亲是老南和菜馆的炒手，后来在大华饭店当鼎脚，技术不错，是一位潮菜名家，如果不是过早离开，他一定与罗荣元师傅齐名。

他也清楚记得罗荣元师傅后来拜学于潮州人刘添师傅和李树龙师傅，技术了得，此后在汕头培养了许多厨师，他的别名叫"罗丕"。

他说潮州人大胖蔡大荖的技术相当了得，一早就被北京调去。蔡大荖师傅每次回家乡都会到杏花饭店看望刘添师傅。

他清楚记得埔东人"白菜佬"蔡森泉、蔡利泉、蔡利钦三兄弟都是厨师。

他记得名师"锅仔伯"蔡得发是埔东人，因锅仔煲得好，被人称为"锅仔伯"。

他记得李树龙师傅是归湖人，也因为炖汤得法而被人称为"炖钵"。

他记得蔡炳龙师傅的潮菜一流，却屡屡受挫，然而他的拳头功夫甚是了得，曾经传说他能以一敌十。

能走近陈锡章先生，在老人家的叙述下，我更看重汕头市饮食的发展，深知潮菜厨师的人生不易。这让我在整理上一辈师傅们的人生轨迹时更有依据。

陈锡章先生老人家走了，骑鹤西去……

他带着微笑安详而去，到极乐的饮食天地去。

他一生虽无大起大落的事业，但平庸一生过得也挺开心，此生足矣。

归去来兮，老人家一路走好！

平凡人：昌镇师傅和耀嘉师傅

他们太平凡了，我一直找不到理由来为他们写点什么。

在写完若干潮菜名师的一些故事后，突然觉得应该为林昌镇师傅、翁耀嘉师傅俩人写点什么。别人可以置之不理，我呢？不能也不应该把他们忘了。

论做菜的技术，虽然他们的刀工与鼎工都不错，但是与汕头市的潮菜烹调高手相比，他们还是排不上号的。若论在餐饮界或者厨界的社会影响，至今也说不出他们究竟影响过谁。我曾经在《饮和食德——潮菜的传承与坚持》一书的自序中写道："翁耀嘉师傅一边炒菜一边回过头来，看见一位弟仔在帮助切肉，脱口而出说了一句让我至今难忘的话——阿弟支刀不错。"而我就是当年的阿弟。在许多场合我也说过，我参加工作的第一天，林昌镇师傅拿了一把香菜扔进汤锅，迅速捞起装入菜盘，调上鱼露和肥猪油后拿给我们几个刚进厨门的年轻人佐饭。在当年什么都缺的环境下，这是多么感人的举动，以至至今忘不了。

仔细一想，他们一句平凡的话，一盘普通的香菜，不就是影响了我吗？有这么一些平凡的人，他们出生在1949年前，成长和工作在红旗下，

翁
耀
嘉
师
傅

碰上许多政治运动。当他们处于长身体或者需要养育孩子的时候，又遇上物资匮乏。苏联连续3年讨债，为了还清债务，国家处于困难时期。他们刚喘过一口气，想舒服地过上好日子，又遇上"文化大革命"，工作不做了，书都可以不读了，集体闹革命。到了不惑或者知天命的年龄，才遇到了改革开放的好时机。然而他们却有点不知所措了，想单干能力有限而且资金不足，不单干又难以避免下岗的命运。细思量，一些前辈师傅与上面所说的这些平凡人的生活脉络是多么相似，他们当中如林昌镇、翁耀嘉、王继文、陈芝茂、黄祥林、吴庆、陈有标、何国忠、姚佑金等这一辈厨师

林昌镇师傅

们，就是出生在20世纪50年代前，由于生活的原因，走上了饮食之路。他们都是在年龄很小的时候出外打工，在厨房帮厨，所做的都是厨房的下手杂工之类，洗菜、洗碗、洗地板、烧炉、加煤、刮鱼、杀鸡、去鳞、拔毛样样都得干，从早到晚。

　　1949年后，一切都得重来，在百业待兴的社会环境下，他们所学到的烹饪技术难以有施展的空间。公私合营后，一切都姓公了，他们又能为社会做些什么呢？而且在这一段时间内，吃好穿好住好都会被视为是"封、资、修"甚至是生活糜烂的表现，由此谁还会聘请厨师去做酒席菜呢？他们可能技术都非常好，但在物资匮乏的年代里，却难以有施展烹调技术的空间和环境。

到了改革开放的年代，自由发展的机会来了，烹饪食材丰富了，一切都可以发挥了，他们却老了，快退休了。想真正做点事，也力不从心了，只能空有想法、仰天长啸。

讲述人物故事，都会找一些有资历、有地位或者技术高和影响大的人去描写，平凡的人毕竟没有看头。汕头的饮食江湖上，存在太多平凡的人，他们不善言语，不争不辩，不计得失，默默无闻地从事厨房的工作，不在乎荣誉，因而让人们忘记了。林昌镇、翁耀嘉等师傅就是这样一类平凡的人，所以直至今日，谁都不会想起他们。

我最近去查找资料，发觉翁耀嘉师傅的简历也是很简单，只有两行字。一行写着1943年，永平酒楼，见证人柯裕镇；一行写着本市饮食服务公司，见证人也是柯裕镇。他是潮州市意溪镇东洋村人，小时候放过牛，拾过柴草，甚至还为乡公所站岗放哨，打望是否有日本鬼子出入，可见他小时候也是非常伶俐的。他来汕头后，除了在永平酒楼当杂工外，也到过永和饭店，做一些后厨杂工之类。汕头市外马公共食堂建成后，翁耀嘉师傅就服务于此，一直至退休。

而林昌镇师傅则在平凡的工作位置做着不同的工作，只是到了后期才改后厨工作。林昌镇师傅是庵埠人，1930年来汕头后，先后在多家酒楼食肆做过楼面服务。履历上也清楚记录着他的工作过程：

1930—1933年，汕头和合米店当杂工；

1933—1950年，先后在中央酒楼、随园酒楼、怡茂餐室、新随园酒楼、集祥饭店、标准餐室当服务生和走堂经理，也曾经在汕头林厝祠内当过伪和平军的勤务员；

至于他从事后厨应该是公私合营后在标准餐室才开始；

1958年，汕头市外马公共食堂建成后，他与蔡得发师傅一直在后厨工作，至退休。

平凡的人并没有太突出的亮点，但是因为他们曾在我年少刚入厨时影响过我，因此，我必须记录之。

金岛燕窝潮州酒楼的吴木兴师傅

今天想说一个关于变菜的故事……很多年前，薛信敏先生参加师兄弟们的聚会，从香港金岛燕窝潮州酒楼带来一味高汤火腿燕窝球，其做法和造型一直影响着我和众位师兄弟。故此燕窝球被我留下来，并且列入到《潮菜心解》一书中去。

这一粒燕窝球，晶莹剔透，摆在一个深盘子的中间。在勾芡的高汤加持下，它长时间屹立不倒。这竟然让我思考了很长时间，是什么理由和用什么原材料能扶住这一款水涨发了的柔软燕窝，让它不坠和不塌呢？应该说，这是一款费尽心思的燕窝作品，是一款创新的菜肴。而创新这一款菜肴的是香港原金岛燕窝潮州酒楼厨师吴木兴师傅。望着这一粒燕窝球，我想象到当年吴木兴师傅创作的时候，一定是费尽了心思，一定是反复调试，并且根据燕窝的特点，借鸡蛋的蛋白液体和少量鸡茸，利用它们的黏力，把控时间，使燕窝在蒸汽的作用下立住了，最后在上汤勾芡和火腿的点缀下，特别出彩。

吴木兴师傅是一位居住在香港的潮州金石人，从照片上看，他个头稍微矮一些，脸上稍瘦，眼睛有神，平时喜欢留着胡子，这绝对是个性的表

现。据介绍，吴木兴师傅性格比较柔静稳重，凡事都有一个思考过程。他与大厨师许锡泉师傅的火暴脾气性格截然相反，形成鲜明对比。他参加厨房工作，先从杂工水台做起，如洗菜、洗碗、冲茶水；又从炒鼎工做起，翻炒、调味，让菜肴在味道的衬托下，有一个合理的味道领会。多年后，他意识到身材偏矮的缺陷可能会影响往后炒鼎的能力，又专门攻克刀章和雕刻。特别是响螺片的切法，他刻苦耐劳，在按压响螺上让后人难以望其项背。怪不得他的左手拇指要比他人大一半，这是长期出力按压响螺后留下的印记。

潮菜虽然对食品雕刻的要求并不严格，然而一些简单的花卉和笋花也是必不可少的，想雕刻到一定的水准也不是简单的事。吴木兴师傅在雕刻上也下了不少功夫，雕花时得心应手，一件果蔬作品只要几十秒便能雕刻完成，让许多厨者叹服。一个人在事业上成功，大致上都是基于自己有勤奋努力刻苦学习的精神，但更重要的是要有一个发挥的平台。吴木兴师傅除了自己的努力，也得益于有金岛燕窝潮州酒楼这个平台让他能够发挥。要不然他一待便是30多年，这与他刚入厨时所表示的——在一个酒楼服务

吴木兴师傅

不超过4年的想法相违背。

　　香港金岛燕窝潮州酒楼是一个厨师平台，它是吴木兴师傅的厨艺平台。1978年，泰国商人黄子明先生和一帮经营燕窝的人，利用自己经营燕窝的优势，在香港成立金岛燕窝潮州酒楼。在普宁人王德毅先生主理下，他们迅速招兵买马，很快成立了拥有许锡泉、吴木兴、周汉斌、黄鸿腾先生等人为厨房管理和楼面经理的服务班底。

　　应该说，在20世纪70年代至90年代，金岛燕窝潮州酒楼在香港绝对是潮州菜的佼佼者。按照当年的初衷设计，酒楼的经营出品应该是以燕窝为主线，这才有了他们一系列的燕窝菜肴出品，除了传统的红烧汁高汤燕窝、冰糖燕窝、鸡茸燕窝之外，又增加了鸽子吞燕、炒芙蓉燕盏。他们当年的这些出品，赢得了香港潮汕人和大量汕头商贾的青睐，并且为之津津乐道。

尽管吴木兴师傅当时只是副手，但由于有平台可以发挥，他很快就把潮菜的出品发挥得淋漓尽致，特别是他把响螺推到堂灼去，改变了过去厨艺不出厨房的局面。燕窝是金岛潮州酒楼的主打系列，金岛人在传统的基础上又继续不断地研发，他们继炒芙蓉燕盏之后又推出酿竹笙卷。吴木兴师傅又在此基础上推出火腿燕窝球，让很多人叹服！这就是勤奋努力和平台的合力作用。

我不认识吴木兴师傅，然而在众多金岛人的口中听到他的名字，最早是王德毅先生，最多是薛信敏先生，从他们的口中了解到吴木兴师傅与潮菜有关的点滴。

改革开放后，有许多港式潮粤菜进入内地，引起多方面的关注，特别是国家的相关部门。忽然有一天，国家需要香港派一些有厨艺专长的烹煮专家到钓鱼台国宾馆作技术交流。潮菜名家吴木兴师傅便是其中一员，他荣幸地被邀到北京钓鱼台国宾馆参与献技，让国家级领导人欣赏到港式潮菜的味道，一时传为佳话。事后吴木兴师傅一直以此为荣，在后来的工作上更加努力。

潮菜一生的我，写到此，心里有一种骄傲油然而生。正如今天听到"潮菜是世界上最好的中华料理"一样，我们是多么骄傲啊！

　　佳宁娜，按照读音应该是潮汕话中"胶己人"（自己人）的意思。香港佳宁娜酒楼是一家潮州菜酒楼，最早出现是在湾仔区，是由一群潮汕人创办的潮州菜酒楼。詹培忠先生、陈松青先生为发起人，时间是1982年。

　　按时间推算，它存在已40年了，在这40年的饮食江湖中，佳宁娜酒楼有过许多骄人业绩，让佳宁娜人记忆着。特别是它们曾经到过北京办酒家，倾倒过京城一众食客，在京城创下"天下第一刀"的故事。这故事包含着出品第一、服务第一、收费第一等因素。北京城曾留下"一刀"（佳宁娜）、"二斧"（山釜和王府井）的饮食故事，这几家酒家当年在北京的出品水平相当高，而收费水平也比其他酒楼都高，故留下顺口溜。当然，他们还有太多太多的美食故事值得大家回忆。

　　今天所说的事，可能与食用纯碱水有一点关系。用食用纯碱加水调制成一种纯碱水，香港人把它称为碱水，而香港之外的人则把它称为"港水"，碱与港在粤语上有同音，所以才会有误读。这种碱水加入到食材加工过程中，会起到洁白和物体膨胀的作用。由此香港人在涨发鱼翅和海参的过程中，多少都会加入少许食用碱水，去掉食材上的腥味，直至让食材膨胀通透好看。

过去有一味潮菜品种名"鲜笋白玉把"，其中的鹅肠材料便是用食用纯碱去泡制，让它达到通透酥脆的感觉。地处湾仔的香港佳宁娜酒楼当年出品的一味名肴"厚剪响螺片"，曾经影响了在香港的潮汕人和许多前往香港的汕头人，大家对他们烹制的"厚剪响螺片"一直都是津津乐道，念念不忘。忽然有一天，街坊传说着佳宁娜出品的"厚剪响螺片"竟然是用"港水"泡发，让它膨胀酥脆而制成，社会上一片唏嘘声。当年一些前往香港请客的潮汕商贾人士纷纷选择到其他酒楼去，顿时让佳宁娜的生意大受影响。当年的股东之一，也是酒楼楼面主理人魏铮明先生得知后，急忙查找原因。魏铮明先生当年曾经找过我，希望能约到对响螺有情结而且在社会上有一定影响力的"理婉然"先生，请他到香港佳宁娜去，他们会认真接待，并把响螺的做法展示一次，让他知道来龙去脉，以正视听。

在香港的佳宁娜酒楼，"理婉然"先生现场鉴别了他们的响螺做法，鉴别了大厨师高瑞明师傅现场敲破响螺壳取出螺肉，现场如何切片，现场如何堂灼。这让"理婉然"先生明白佳宁娜酒楼的"厚片响螺片"并没有也不需要使用碱水去泡发。此举消灭了一些因误传而导致的负面影响，也算是一次危机公关。

这是一个真实的故事，当年参与的人如今都老了，我也是听过这一故事的人并且参与到其中去的人之一。由于此故事有特殊性，容易记入脑中，所以才决定把它写出来。

佳宁娜酒楼的菜肴是可圈可点的，当年他们的出品除了潮汕特式卤水和鱼饭之外，一些名菜肴也在此家酒楼尽展，其中包括著名的"冻红蟹、肘子鱼翅、高汤燕窝、竹笙燕窝卷、厚剪响螺、花胶焖婆参、炊东星斑鱼"等。而这些出品，都是当年的大厨师高瑞明师傅带领一班人烹制出来的。

香港佳宁娜酒楼

香港佳宁娜酒楼前台

有感于佳宁娜酒楼的出品，我尝试用今天的角度回顾潮菜在香港的历史过程，以便了解更多的潮菜师傅。早些年，香港的潮式酒楼食肆基本上都是出现在西环一带，比较早的酒楼应该算陈潮文先生家族开的天发酒楼，其次是斗记酒楼，而更小的是在三角码头南北行潮州巷仔的一些"打冷"档口；后来逐渐有了潮兴酒楼、陶芳酒楼、醉红楼酒楼、百乐潮州酒家等；再到后来的金岛燕窝潮州酒楼、佳宁娜潮州酒楼、潮州城酒楼、潮港城酒楼、九龙创发酒家。这些酒楼食肆都是香港潮菜的发展和延伸者，而这些店的潮菜师傅们便是香港潮菜的传承者。

今天想说的一位潮菜师傅，便是上面提到的响螺故事的主角之一，佳宁娜潮州菜酒楼厨者高瑞明师傅，他便是潮菜在香港的延伸者之一。高瑞明师傅绝对是一位在香港的潮菜高手，他与金岛燕窝潮州酒楼的许锡泉、吴木兴师傅，香港百乐潮州酒家的陈华贤、区家华、林俊勇、许美德师傅等都是潮菜烹手中的佼佼者。从当年香港佳宁娜酒楼的出品便可窥见高瑞明师傅的技术水平，从高瑞明师傅的技术水平又能看到香港的潮菜出品水平。

我与高瑞明师傅有过近距离的接触，一次是在汕头市东海酒家，一次是在海南省的海口市，另外几次是在香港湾仔的佳宁娜酒楼。尽管都是短暂的接触，高瑞明师傅的厨艺个性还是让我比较印象深刻的。

高瑞明师傅是潮阳人，个头不高，结实的身体稍胖一些，性格老实，说话时轻声细语，谦逊。记得那一年，在参加沈坤文先生在海南省海口市潮州食府的开业活动时，我曾与他探讨过响螺的厚剪切法和薄剪切法的看法。我认为汕头市东海酒家出品的薄剪响螺受众方面更广，特别是在价格上更适合一些请客群体，而且嫩滑甘口，鲜味无限。而高瑞明师傅却说，香港社会是一个发达都市，各方面都成熟了，而且朝气蓬勃，活跃度极高，单说饮食，他们需要场面上的仪式感和菜肴的豪气，所以响螺片被切成薄片已经达不到他们的品味要求，而厚切的响螺片更能够体现出饱嘴弹脆的豪气，这才是香港人在仪式上的需求，因此在餐标费用不成问题的情况下，厚剪响螺片绝对是他们的选项。

他继续说，佳宁娜潮州酒楼的响螺片曾经被传加入碱水去涨发，其实是误传或者有意恶作剧。厚剪响螺和薄剪响螺都是在切片后，经过修剪，清水洗干净便可，无需渗入其他味料去提鲜或者增强它的脆感。响螺是属最原始、最鲜美的贝壳海鲜之一。事实上，随着汕头在经济上的逐渐发展，商家们请客喜欢吃厚剪响螺的也渐渐多了，他们也需要豪气，需要仪式感，遂验证了高瑞明师傅当年说的那一席话。

随后他又跟我说"冻红蟹"这一味菜肴，最早是在潮州打冷档出现，简单方便，如今都被酒楼食肆引入，也获得许多人认可。他说冻红蟹一定要鲜活，才能鲜甜美味。如果红蟹死了或者蓄养过度，都不可能做出一味好的冻红蟹来。这就是一个大厨师长期观察食物变化得来的经验体会。

我最近联系到了汕头市不夜天酒店的杨绍生先生，又联系到了当年香港佳宁娜楼面主理人之一的魏铮明先生，他们让我能"温故知新"地了解到一些过往事。过去了的岁月多少都有一点值得留念，历史的积淀都是依靠这一个个故事的，因为它留住的是历史。不管今天的佳宁娜潮州菜酒楼情况如何，我都忘不了昔日高瑞明师傅的故事。

写到此，我只能说一声，高瑞明师傅，潮菜的路上一直有你，真好！

后记

这事想得太久了。

曾经想聘请一位资深的写手来记述汕头过去的一些饮食人，特别是厨师，把他们从事潮菜行业的经历写出来，从侧面反映汕头饮食业上的发展，了解潮菜从发源地潮州到汕头乃至各地的延伸发展状况。

无奈，想聘请的写手一直很忙很忙，腾不出时间来，于是只能……

文学功底几乎为零的我，用工作记录的方式把过去所见的厨事写出来，再结合一些自己的见解，微信朋友圈上的朋友看后觉得不错。在众人的鼓动下，潦里潦草地乱写一通，本想再找个有文学修养的人来润饰一下行句，但又担心有些看法不尽相同，最终也就放弃了。

几年过去了，有点东拉西扯地写了一些饮食心得，居然得到了一些人的认可。于是乎，头大了，脑也昏热了！

不自量力的是把一些过去的潮菜名厨和个别饮食人士，用记录的方式勾勒出来，尽最大能力还原他们的一些烹饪厨技，用积极的一面去表现，居然以我的独特方式写成了。

凑成一本书了，虽说是不够系统和不够全面，然而毕竟完成了，让我感到欣慰，也终于放下心了。这是我用最真实的方式去反映他们，反映一群被忘记了的潮菜厨师和个别饮食人，可以负责任地告诉大家，我是认识其中的很多厨师和他们的后人的，故此内容绝无虚假。

设想这本有关汕头潮菜厨师和饮食人的书，交给一个有文学功底的写手去完成，他一定会把时间、地点、人物交代得很清楚。他会求证很多材料，构建着想象的空间，用文字去诠释美味故事，让华丽的词汇篇章出现，绝对是一本挺完美的书。

但我也大胆认为，他们可能不熟悉厨房的操作过程，不可能合理勾勒出一幅潮菜图谱，在这一方面定不如我。再者厨房的专业术语，在对菜肴的理解上，潮汕话中的切配用语如"雁只块、指甲片""薄过书册纸、厚过锄头支""菜不过寸、汤勿溢碗、鱼勿过盘""挠糊、穿衫、包尾油""紧汁宽糊"等这些术语，他们是不会懂的。还有这些俗语"冬圆夏扁""斤鸡两鳖""死砧，活鼎，柴浪笼巡""猛火、厚膀、香初汤"，你懂吗？

书成了，自我评价一下。

缺点：作为工作记录而写的一本有关饮食的书，文句不怎样，在写的过程中常用词汇大部分是粗言、土语和潮汕白话，没有经过修饰而且直译的语言比较多，看后觉得文学性有所欠缺。

优点：真实性较强，都是比较原始的一手资料，加上我有几十年的从厨经历，近距离接触这些厨师和他们的后人，细心观察过和理解过他们的工作过程，所写的故事也比较顺手。

我是一个善于狡辩的人，我会用逆反思维方法与你对话。曾经有过这样的讨论，我能做到如此这般，我是不会接受批评的，原因有几点。

第一，我不是从事文学的人，文化水平不高，能写成如此这般，你还能批评吗？

第二，换角度来看，作为一个学厨者，长期操刀而不是握笔，能写成如此这般，你好意思批评吗？

第三，我不参与对比，你还敢批评吗？

有朋友问了："能这样说吗？"我说："行！"

什么是底气，这就是底气，哈哈哈！最后想感谢的人，是为我提供这些潮菜厨师和饮食人有关资料的兄弟姐妹，也感谢书中若干潮菜厨师的后人提供照片、资料和合照留影，在此衷心感谢！

附录　汕头市潮菜厨师　年鉴表

清末至 1920 年：

许香桐，蔡学诗，郑怀义，吴口天，孙南海。

1920—1960 年：

周木青、曾茂镇、蔡炳龙、张清泉、许响声。

1930—1970 年：

蔡得发、吴再祥、郭瑞梅、朱光耀、朱彪初、蔡福强、许振生、刘添、李树龙、蔡森泉。

1940—1980 年：

郑瑞荣、李锦孝、罗荣元、蔡和若、李得文、李鉴欣、蔡利泉、蔡利钦、柯裕镇、姚木荣、林昌镇、胡森兴、胡金兴。

以上潮菜厨师是 1949 年前在汕头市各酒楼的主要从业者，有很大部分人在 1949 年后服务于汕头市饮食服务公司各饭店食肆。

1950—1990 年：

魏坤、方展升、曾开深、陈霖辉、张训居、林边、柯永彬、翁耀嘉、黄祥粦、蔡希平、吴庆、陈有标、李淑平、邢思进、罗应顺、陈升源。

1960—2000 年：

王继文、何国忠、方志锐。

1970—2010 年：

陈友铨、魏志伟、陈汉华、王月明、杨合泉、胡国文、薛信敏、林桂来、刘文程、陈伟侨、陈文正、陈汉初、张钦池、蔡培龙、陈木水、钟成泉。

（1971 年汕头市饮食服务公司第一届厨师培训班学员）

姚佑金、蔡剑波、姚明泉、李桂和、黄楚华、陈芳谷、陈基铭、卢惜光、郑燕弟、蔡振荣、罗鸿生、魏惜文、张昭平、陈瑜明、蔡孝文、陈汉章、许炳耀、许瑞鑫、刘雄南、黄然勿。

（1974 年后陆续参加地区饮食服务公司潮菜厨师进修班的学员）

1980 年后：
许振平、钟小文等。

（上面的厨师是汕头市饮食服务总公司辖下各店的主要潮菜厨师。）

汕头地区商业技术学校（简称商技）在 20 世纪 70 年代末，曾经培训了一批潮菜厨师。

主要人员：陈文修、陈成全、黄文振、许博志、马陈忠、郑元耀、陈远成、吴惠林、郑庆喜、蔡三源。

汕头市劳动局辖下技工学校在 20 世纪 80 年代初，曾经培训了一批潮菜厨师。（简称 1982 届、1983 届、1984 届）

主要人员：尤焕荣、纪瑞喜、钟昭龙、林贞勉、林志仪、刘世斌、陈敬骅、王龙生、马陈明、肖阮、马春生、王武。

上述之外，还有一些厨师在汕头市饮食服务公司之外。他们在不同时期服务于不同的单位，也有在不同城市工作的。他们都是潮菜的烹饪高手，这次也录入。

主要人员：

蔡金意（部队司令部餐厅）；

柯蛋（外轮俱乐部餐厅）；

蔡鲍鱼（汕头市商业局食堂）；

林文臣、蔡利钦（市侨联大厦餐厅）；

吴贵雄（汕头地区交际处餐厅）；

黄周溪、姚广松（市招待所餐厅）；

罗海金、黄岳荣、郑良钦、陈少宁（华侨旅社餐厅）；

林准兴（揭阳市政府招待所餐厅）；

林臣、方树光（潮州市）；

许锡泉、吴木兴（香港原金岛燕窝潮州酒楼）；

林俊兴（广州市华侨大厦）；

陈少龙（汕头地区商业餐厅）。

汕头地区的行政中心曾经设立在汕头市区，管辖着包括潮安、潮阳、普宁、揭阳、揭西、饶平、澄海、南澳、海丰、陆丰的潮汕各县市。汕头市饮食服务总公司在20世纪70年代中后期（1974年、1977年、1979年），集中各县市的饮食人员做短期进修培训，属潮菜厨师范畴。

主要人员：

（潮安）吴泽东、吴前候、郑锡章、杨广。

（揭阳）林传裕、杨锡坤。

（普宁）江仕进、刘巧金。

（惠来）方桂川、方振和、林俊辉、林潮。

（潮阳）刘老三、郑锦元、肖占魁。

（澄海）利群。

（饶平）徐潮由、林拱文。

（海丰）梁祖槐、蔡锦。

（陆丰）林汉城。

编写一幅汕头市潮菜厨师的年鉴图，选择以大国营年代汕头市饮食服务总公司的人事结构作为主体依据，基本上都是职业厨师。可能有许多人员会被漏编，也有可能许多人因为时间跨度上的关系，在年代上稍有差别，请勿介意。

所列都是以职业厨师为界别，不区分任何级称，勿论辈分。1920年之前的人员是根据一些资料而录入的，同时对潮汕其他地方的潮菜厨师也未能尽录，敬请原谅。

汕头市饮食服务公司 1971 年厨师培训班学员

2019 年 1 月 20 日